ライディング事始め

村井 真＋つじ・つかさ

グランプリ出版

■ 読者の皆様へ ■

　本書は、1987年2月27日に弊社より刊行した『ライディング事始め』を底本としております。刊行以来、ライダーの方々を中心として多くの支持をいただき、この分野の定番書籍として35年間に36刷もの重版を数えるまでのロングセラー書となりました。本書の読者の方々からも、「本書によってライディングの基礎を学んだ」ということにとどまらず、「これからバイクに乗ろうとするライダーの方々に推薦している」という嬉しいお言葉をお寄せいただいたこともありました。このようにたくさんの方に読み継がれていることは、出版社として望外の喜びであります。

　今回の新装版の刊行にあたり、これからも多くの方々にご活用いただくために、初版刊行後に改定された法律や規則に関する部分を中心に、再検討をして変更を実施いたしました。また、今日では情報通信網が充実し、様々なツールが登場しており、実情も変わってきています。しかし、本書にあるライディングに関する基本的な考え方は不変であり、原著を尊重してそのままとしました。また、印刷方法は現代の新しい方法に移行し、本文用紙を変更するなどの見直しも行ないながら本体価格は極力抑えてお求めやすい価格としました。

　本書をご活用いただくことによって、より多くのライダーが安全に楽しく、さらなる上達を目指されることを願って止みません。

グランプリ出版　編集部

まえがき

　何事でも同じであるが，新しい世界に第一歩を踏み入れるときには，右も左も分からないわけであり，だからこそ楽しいのではあるけれども，間違いなく不安でもある。何かよい手引き書はないかと捜すことになる。

　そういう初心者向けの入門書というやつは書店に行くと星の数ほどならんでいて，バイク用のも例外ではない。だが，それらを手に取ってみるにつけ，何かが足りない，と思っていた。色々な内容が詰め込まれてはいても，それがすでに刊行されている同種のものからの寄せ集めだったりする。非常にライディングがうまい一流レーサーの著になるものであっても，断片的な高等技術の羅列であったりする。考えてみるにそれらには，これから初めてバイクに乗ろうという人たちに対して，どうしてもうまくなってほしい，バイクの楽しさを知ってほしいという熱意が，欠けているのではないだろうか。何よりも，温かみ，がそこにはないように思う。

　その視点からスタートし，1年間をかけて練り上げたのが，この本である。全体のコンテ立ては，村井　真氏にお願いした。村井氏はレーサーでもインストラクターでもないけれど，すでに2冊の単行本を創造しながら苦楽をともにする過程で，氏の経験知識の豊かさとバイクを愛する心の深さには，確信を得ていたからだ。そして，出来上がった職業的冷たさとは無縁のイラストに対し，僕が文章を付け加えた。初心者でも，いや初めての時期だからこそこれだけは知っておいてほしい，という願いを込めて，筆を重ねた。

　では，この本が他のものに対して，内容の多さや詳しさで勝っているかとなると，そういう努力はしたけれど，断言はできない。ただし，温かさ，では絶対に負けないと自負するものである。

（つじ・つかさ）

☆

　あなたはレースを観たことがあるかな。レーサーってカッコいいよね。みんな，あんな風に走りたいと思うんだろうな。

　ここであなたが，ちょっとウデに自信のあるライダーだとしよう。その自信を胸にサーキットへと繰り出して，走行シーンをビデオに撮ってもらった。ワクワクしながらデッキのスイッチを入れるわけだ。自分はあんなに怖い思いをして限界走行したんだから，さぞかしカッコいい走行シーンが映し出されるはずと思うよね。ところが出てきたのは，サーキットでツーリングしているかのような自分。見慣れたレーサーの走りとは比べよ

うもない。ライダーのウデが悪いんだって？　そんなことないんだよ。信じなさい。これは筆者の体験談なんだから！

　はっきり言おう。公道とサーキットは別モノと考えよう。公道でレーサーを気取るのはモノマネであって本質ではない。スリルを楽しむことよりも，バイクを繰る楽しさを覚えたい。それは，何も限界ギリギリのバンク角をさぐることではないはずだ。

　今，バイクライフのスタートラインについたあなた。あなたのすべきことは，とりあえずケガをせずバイクに乗り続けること。あせらずともうまく走れるようになる。心配ない。保証する。冷や汗流して走ったってどこがおもしろいのさ。バイクは楽しまなくちゃ。そう，楽しんでいるからこそうまくもなれるものなのさ。ね，つじさん！

（村井　真）

■ライダーにあこがれる後輩クン，思い余って先輩をたよる…。

§1 末長くバイクとつきあうために

　風を切って走るバイク。肌を焦がすような強い陽射しも，身を切るような冷たい風も，すべて全身で感じ取れる。それがどんなにつらいものであったとしても，自然の中に溶け込んだようなあの感動がいい。あなたがバイクに感じる"楽しさ"は，長く乗り続けることで大きな拡がりを持つことになるだろう。そこで新たな"楽しさ"を見つけることができるかもしれない。いつまでも探し続けて行きたい，バイクの持つ"楽しさ"を。　（村井）

■他人に迷惑をかけてはならない

"良い子"のブリッ子をしろ、なんて言ってるんじゃない。誰のためでもなく、キミ自身が思う存分にバイクライフを楽しむために、自分の行動に責任を持ってことだ。

まわりの人たちから白い目の集中攻撃を受けるようなことをすれば、キミにごく近いところ、たとえば学校や家庭、住んでいるアパート、隣の住人といったところを通して、キミに圧力がかかってくるだろう。それは当然のことだ。

立場を変えてみるといい。キミの家の出入口にピッタリと寄せて、どこかのクルマが駐車してあったとする。すぐにバイクで出かけるつもりだったのに、出られない。「とんでもないヤツだ！ 駐車違反しやがって」と頭にくるだろう。あるいは、朝の5時に、寝室の外でクルマがウォームアップしたらどうだ？ そして、そんなことが毎日続いたら、ガマンできるか？

なにも、家の近所でのことに限らない。遠く離れたツーリング先で、狭い路地を全速力でカッ飛んだら、「だからバイク乗りは危ないんだ」なんて言われる。それはキミ個人にではなく、ライダー全体への感情なんだが、まわりまわって、対個人よりももっと大きな社会的圧力になって、キミのところに返ってくる。走る場所がなくなっていく。

ほかのライダーが、ではない。問題はキミ自身。好むと好まざるとにかかわらず、キミは社会の一員。個人が自由であるために、社会のマナーはある。

■ケガをしてはならない

　バイク・ライディングはスポーツだ。スポーツは、常にチャレンジだ。が、だからといって、それはケガをすることを正当化する理由にはならない。

　昔、グレーム・クロスビーが初めて鈴鹿サーキットへやって来たころ、彼は体に傷がひとつもないことを自慢にしていた。ケニー・ロバーツやフレディ・スペンサーも、めったに転ばない。様々なトライを込められたマシンで、しかも他人と競うのがレースだから、彼らだって転ぶこともあるが、でも、めったにコケない。うまいライダーはケガをしないのだ。

　それに、ケガをすると勝てない。もちろんレース中にコケたら、多くはリタイア。ケガをしてマシンに乗れない、あるいは思うように乗れない状態となれば、ポイントが稼げないとか、トレーニングができないとかで、どんどんまわりから置いていかれる。速く、うまくなるには、ケガをしてはならないのだ。

　レースですら、こうなのだ。それがストリート・ライダーのキミなら、なおのこと。優勝カップをもらうために、バイクに乗ってるんじゃないだろう。飛ばすにしても、それはコンマ1秒のためにではなく、楽しむためのはず。痛い思いをして、楽しいはずがない。バイクに乗れない体になったりしたら最悪。バイクは危険な乗り物ということを思い知り、かつ危険をもて遊ぶのが面白さではないことも知っておいてくれ。

　ハデな転倒談や体の傷を自慢するヤツがいるが、それはライダーとしての自分のハジをさらしているのだ。

11

■華麗に乗りこなすためには

●バイクの動きを感じとる。

雨の日も… 風の日も… いつもバイクと接している。

　サーキット走行はもちろん，たとえツーリングでも市街地のチョイ乗りでも，ライディングはすべてスポーツだ。それも，道具を使ったスポーツだ。

　バイクという道具は，今や誰にでも，とりあえず動かすことに，さしたる技術も体力も必要としないほどにイージーである。人間単体ではとうてい不可能なスピードを，加速力を，ボクらにポンと与えてくれる。長距離を短時間で移動できる安易さも，すごいコーナリングの快感も，すぐに手に入る。

　でも，そんな道具自体の高性能にオンブして，ただまたがっているだけのライダーにキミが成り下がったとき，それはもうスポーツではなくなる。楽しさが消えていく。そして，危険性だけが残り，肥大していく。

　どんなによく切れるナイフも，扱い方が悪ければ他人をケガさせ，自分も傷つく。思うようには物を削れない，切れない。そして手入れをしなければ，刃はやがてなまり，サビも出る。しかし，うまく扱えば，1丁のナイフから素晴しい料理を，壮大な芸術を創造することができる。それは，ナイフを優秀な道具として活かすと同時に，道具を使う楽しさを得ることだ。

　1台のバイクの能力を何倍にも活かす。そのためにコントロールすること，それ自体を楽しむ。これがライディングというスポーツだ。前後のタイヤが路面に接している様子やサスの挙動を体で感じ，さらには意志でそれらを操ろうとする姿勢を，持ち続けるベシ。そこには無限大の楽しさと可能性があると約束する。

12

■いつまでも乗り続けよう

　バイクは面白い。もちろんそう思っているからこそ，キミはこの本を読んだり，バイクに乗ったりしてるんだろう。けれども，本当の面白さの，いったい何十分の一を味わっているか，気付いているかはギモンだ。

　スピード感，加速感，風を切る感じ，体で直接コントロールするところ，旅の楽しさ，走るところのカッコよさ，メカニズム感タップリのスタイル，などなど。どれもバイクの楽しみだ。人それぞれの楽しみ方があっていい。しかし，そんな単語をいくらならべても表現できない楽しさが，バイクにはある。またその楽しさは，人それぞれのモノになるはずで，決まった形などなく，自分で捜して創造していくしかない。

　つまり今，キミが面白いと思っているモノは，バイ

クの面白さのうちのほんの表皮でしかない。あるいは見当違いのモノかもしれない。初めてバイクに乗った日に面白いと思ったものが，次の日にはもっと面白く思えるか，それとも違った面白さを発見できるはずなのだ。ライディング・テクニックにしても，「なるほど，こういう具合いにステップを踏むと曲れるんだな」といった発見が，毎日ある。その毎日が，何ヶ月も何年も，限りなく連続していく。

　クルマにはクルマの，またほかにも，世の中には数知れない面白さがある。でも，たった１台のバイクにも，無限の面白さがある。それを，知ってほしい。マナーを守り，ケガをせず，積極的に乗り続ければ，キミは10年後も毎日をエンジョイしてるだろう。

§2 ライディングフォーム&基本操作

初めてバイクに触れる瞬間から，本物のテクニックで乗らなくてはいけない。初めてだからこそ，本物でなくちゃいけないのだ。最初に間違った乗り方，テクを身につけてしまうと，あとで直すのはかなりの苦労がいる。そして，その本物のテクとは，べつに特別な変わった技ではない。ごく基本的なことだ。ただし，その基本をいついかなるときも完璧に守り通すのは，想像以上に難しい。ナメてかからずに，じっくりと読んでほしい。（つじ）

■ライディングフォームから始めよう

どんなフォームでバイクに乗ろうが，そんなこと個人の自由だ。だいたいが，人それぞれ身長が違うし，手足の長さだってバラバラ。乗りこなし方も色々。バイク自体のポジションも，1台ずつ違う。みんなが同じフォームで走るほうが異常だ。

ところが，なのだ。バイクごとに操縦性やポジションのクセがあるとはいえ，それを自在にコントロールするには，基本的なところで共通項的な，ライダーがやらなきゃいけないことがある。

第1に，自分の体を確実にホールドすること。体が不安定じゃ，思いどおりの操作なんてできないからね。またそれは同時に，バイクをホールドすることにもなるわけだ。

第2に，ホールドとはいっても，力一杯に押さえつけてはまずい。力が入りすぎれば，やはり微妙な操作はできない。必要なときにだけ押さえられる "構え" であるべき。そして特にハンドルまわりなど，普段はフリーに動くべきバイクの可動機構の機能を，ライダーが殺さないようにすべきなのだ。

第3に，体が自由に動かせること。体の形を様々に変化させられ，あるいはステップやシートなど各部に必要なだけの体重や力をかけたり抜いたりできることだ。それがいつでもできることだ。

そうやってバイクを活かしているライダーのフォームってのは，これがカッコイイ。それぞれの個性はあるにしても，やはり能力は形になって表れるわけだ。

■バイクとケンカしてはダメ！

　ライダーのウデの善し悪しがライディングフォームに表われるっていうのなら、うまいヤツのフォームをコピーしちゃえばいい——というのも、間違いじゃない。形から技術に入るのも、ひとつの方法だ。が、だからといって、フレディ・スペンサーのハングオンを真似ようと尻ばかりイン側に突き出そうとガンバッてるようでは話にならない。

　GPライダーや仲間内のうまいヤツのフォームをコピーするなら、その相手がどこでどうバイクをホールドして、どこの力が抜けていて、どこにどの方向へ体重を載せてるか、というような見方をして真似てみるのだ。表面じゃなく、その真意をコピーしてみる。体形の違いなどから、見た目の形はむしろ変えないとその真似ができないことも多いはず。また、実際にコピーしてみて、自分に合わなければ、そのフォーム、つまり乗り方はやめる決断も必要になる。

　結局、フォームというのは、バイクをどうコントロールするかという行為の結果として表われるものなのだ。形を形としてだけコピーしようとしても、絶対に本当のコピーはできないし、傍目には確実にブサイク！

　そして、ただバイクに乗せられてるようなライダーのフォームもカッコ悪いが、バイクの機能を無視した力まかせの乗り方のヤツも、やはりブサイク。あれだけの重さの車体が、あのスピードで走るのだ。腕力で思いどおりになるわけがない。体力や体重を効率よく使ってバイクの機能を活かす。これが安全で、速い。

■ライディングフォーム①
●ライディングフォームはこうやって決める！

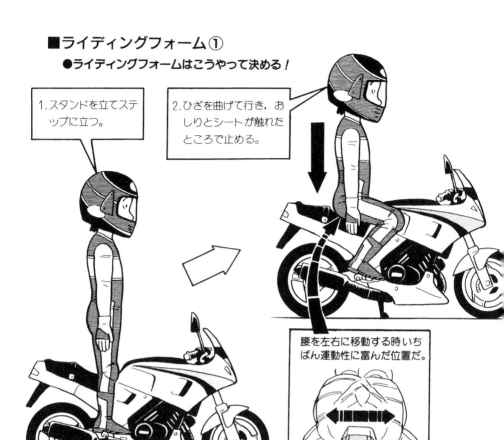

1. スタンドを立ててステップに立つ。

2. ひざを曲げて行き，おしりとシートが触れたところで止める。

腰を左右に移動する時いちばん運動性に富んだ位置だ。

　完璧なバイク・コントロールのためのライディングフォーム作りを，具体的に始めよう。もちろんこれは，キミとキミの愛車にとってベストなオリジナルフォーム作りのためのノウハウだ。

　まずは車体へのまたがり方だ。①両ステップに立ち，②尻がシートに触れるまで両ヒザを曲げ，③ステップで全体重を支えたまま上体を前傾させて，両方のハンドルグリップに軽く両手をそえる。これで完成！

　簡単だ。考えてみれば，教習所の教本と大差ない。ということなんだが，見た目の形だけで分かったつもりになってると，重大なポイントを見落としてしまう。

　尻がシートに"触れる"，それに両手を"そえる"という2点だ。体重はすべて両ステップで支えているの

であって，シートには座っていない。腕にも体重がまるでかかっていない。もちろん，このままで1時間も走ったらクタクタになってしまうわけで，通常はある程度シートに体重をかける。けれども，このシートに尻が触れてるだけの状態を，まず基本フォームとして作らなくてはならない。ここではとりあえず，尻の位置を調整するため，あるいは腕に体重がかかるのを防ぐために，強いニーグリップをするのも禁止する。

　なぜこの基本フォームが大切か？　それは，この形からなら，ハンドル／シート／ステップの各部へ，それぞれ好きなだけ体重をかけたり抜いたりできるからだ。よく耳にする"荷重コントロール"というやつだね。もちろん，左右への荷重配分も自在。そして腰を

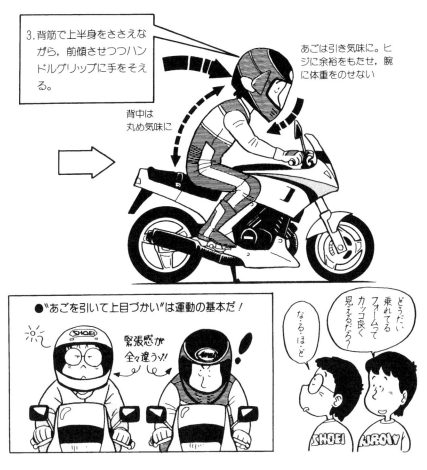

3. 背筋で上半身をささえながら, 前傾させつつハンドルグリップに手をそえる。

背中は丸め気味に

あごは引き気味に。ヒジに余裕をもたせ, 腕に体重をのせない

● "あごを引いて上目づかい"は運動の基本だ！

緊張感が全々違うッ!!

なる・ほど

どうだい, 乗れてるフォームってカッコ良く見えるだろう？

前後左右に移動したりの体の動きを, 瞬時に, しかもバイクに無理な力をかけることなくできる。で, ここから足の力を抜いて, 自然にシートへ体重を載せてやればいいわけだが, それでも全体の形は大きく変えてはいけない。

そして, シートには座っても, 腕のほうはフリーのままにしておくこと。バイクのハンドルというのは, 基本的にはライダーが意識して切るもんじゃない！車体をネかせれば自然に切れるし, 直進時にも自動的に細かく左右へ自然に切れながら走っているものなのだ。その機能を殺さないようにしないと, バイクはフラつくし, シャープなコーナリングもできず, そして危ない。ハンドルの切れすぎを抑えるとか, ときには

少し切り増しするとかもたまにはやるけど, ライダーのやることはあくまで, バイク自身が持つ操舵機能の補助に徹すべき。だから腕には体重をかけない。

そのために, シートとステップで下半身を完全にホールド。前傾した上半身は, その下半身で支えるのだが, 前へ倒れていかないようにするには, 背筋力を使う。下腹に力を入れる感じ。腰のベルトをするあたりを引き気味にして, 背中を少し丸めると, 上半身を支えやすいし, その柔軟性も確保できていい。

ヒジは, いかなるときも伸び切らないように。これも腕をフリーにして, 柔軟性を持たせるためだ。またアゴを突き出しすぎると, 肩や腕に力が入りやすくなるので, 最初は意識して引いてみるのもいいだろう。

■ライディングフォーム②

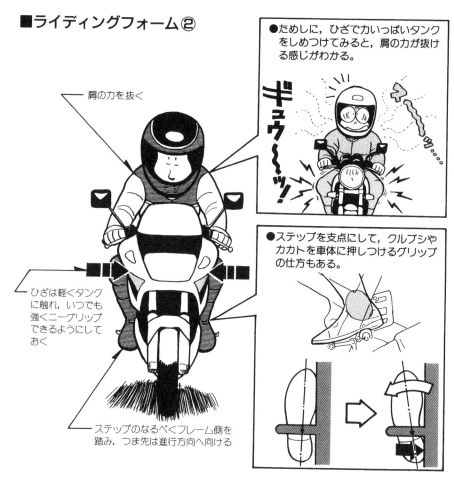

肩の力を抜く

●ためしに，ひざで力いっぱいタンクをしめつけてみると，肩の力が抜ける感じがわかる。

ギュウ～ッ！

●ステップを支点にして，クルブシやカカトを車体に押しつけるグリップの仕方もある。

ひざは軽くタンクに触れ，いつでも強くニーグリップできるようにしておく

ステップのなるべくフレーム側を踏み，つま先は進行方向へ向ける

直進にしろコーナリングにしろ，通常は体のどこかへ特に強く力を入れるってのは，よくない。微妙な操作ができないし，なにしろ疲れるからね。ベテランほどリラックスしていて，長時間乗っても飛ばしても疲れないのは，ムダな力を体に入れてないからだ。

でも，それは漫然と乗ってるのとは違う。いつでも瞬時に荷重したり力をかけたりができる体勢は整えているのだ。そのひとつに，車体（ライダーの体）の左右方向へのホールドがある。これはもちろん下半身で行うわけだが，そこで思い浮かぶのがニーグリップ。

このニーグリップの重要性は昔から言われてきたこと。教習所なんかでもうるさく言う。一方で，今のレーシング・ライダーはみんな，コーナーでヒザを開い

てるし，そんなの古いや，なんて思ってないだろうか。とんでもない！ 左右方向のホールドがアマければ，適確にバイクをコントロールできるわけがない。それに，試しに両ヒザで車体をギュッと挟んでみると，上半身のムダな力が抜けて乗りやすくなるゾ。いわゆる〝腰で乗る〟というのが分かりにくければ，こうしてニーグリップして走ってみるといい。

もっとも，ニーグリップとは言うけれど，左右方向ホールドは，ヒザには限らない。太ももの内側をタンクに当てたり，フクラハギをサイドカバーに，というのも。さらにカカトでのホールドは，とても重要だ。

そして慣れるに従い，足の各部を軽く車体に当ててはいても，通常はムリな力で挟まない感じを覚えよう。

背筋が伸びているからアゴが引けていないし腕に体重がかかっているよ

腰を後方に引きすぎている

大また開きなんてのは論外！

腰を前方に出しすぎている

　これがいいフォームだ，なんていくら説明されても，「なんだ当たり前じゃないか」と思うもの。違う？　そこで，これが悪いフォームだ，というのをいくつかやってみよう。

　特に多いのが，背中シャッキリ一直進型。背中が真っ直ぐか，ひどいのになると逆ゾリ型になってるヤツだ。いかにも気分が引き締まっていて，正統派みたいだけど，大間違い。背骨の関節がまったく自由に動けない形になっていて，これでは上半身の柔軟さなんて出せない。それに，この形では背筋力で上半身を支え切れないから，必ず腕でも体重を支えてる。肩もイカリ肩になって，力が入る。ハンドルは，この肩から腕にかけての棒になったような体と，それに体重で，ガ

チガチに固定される。体も即座には動かせない。転びやすいし，もちろん速くは走れない。

　これは，腰を引くというのをカン違いして，尻を後方に突き出してると，よくなってしまうフォーム。ライディングの要は，尻ではなく腰だ。

　また，この背中の形とともに，ヒジを伸ばし切っていたり，曲げていてもそれを無理に内側へ絞った形のヤツも多い。これも，腕に自由度がないからダメ。その他，まわりを見れば，なるほどカッコ悪いヤツが多いのに気付くだろう。なんでカッコ悪いのかを考えてみると，すべて不自然で，バイクをコントロールしにくい形だから。こうして他人の欠点はすぐに分かるものだが，さてキミは？　考え直してみるといい。

■ハンドルグリップの握り方&レバー操作

●ハンドルグリップは，力を入れて握りしめる必要はない。

力一杯握ると腕全体に力が入ってハンドルの自然な動きを殺してしまうよ

●レバー操作は，指何本かをグリップに残して行うこと。

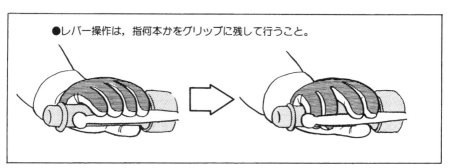

　ハンドルには力をかけちゃダメ！　と何回も説明してきた。その考えは，グリップの握り方にも活かす。
　まず，基本フォームのところで言ったように，グリップにそっと手をかける。そして，小指を主に，薬指を従に，包み込むように握り込んでみる。野球のバットもゴルフのクラブもそうだが，棒を正確に握るには，小指が中心になるのだ。
　ただし，握るとは言っても，力一杯に握りしめてはいけない。それは結局，腕全体に力が入ることになって，ハンドルを固定し体を堅くする。グリップを握る拳の中で，グリップが少し動くくらいがいい。走っているときに，拳の中でグリップが動いてハンドルが自然に切れていくのが，手の平から伝わってくる感触が

理解できれば，キミも一人前だ。
　そうしておいて，ハンドルが大きくフレたり，Uターンなどで意識的にハンドルを切ったりするときには，必要な方向にだけ必要な量の力をかける。そのときでも，強く握りしめない気持ちを持ち続けよう。コーナリングで体をイン側へ移動するときには，イン側のグリップはその先端から包み込むような斜め握りにすると，手首の自由度が保てる。常に真っ直ぐに握ってばかりいる必要はない。とにかく肩から指先までリラックスできる握り方を保つことだ。
　特に，右手首の自然さには注意。スロットルグリップは，指先でツマむくらいの感じでごくデリケートに操作する必要があるが，そのひねりは手首でやるから。

●2本がけ

●3本がけ

すぐに慣れるよ

何かやりにくいな

●レバーに指を触れていると，それが他の指の案内役になる。

●ハンドルをふられやすいモトクロスでは1本がけ！

う〜〜〜

バイクのハンドルグリップは，ハンドル操作をするために握ってるというより，スロットル，それにクラッチとブレーキのレバーを操作するために手をかけてあるのだ。そう考えておいたほうがいい。

で，そのレバーの握り方で，指を何本，どうかけるかについて。これは，いろんなことを言う人がいるけれども，ハッキリ言って，どーでもいい。レバーの操作が確実にできて，それをやっている最中でも，イザというときのグリップのホールド，それにスロットルの操作も同時に自在にできること，という条件さえ満たせるなら，あまり他人の流儀にとらわれる必要などないのだ。自分がやりやすい方法を見つけよう。

そのための参考にということで，2本がけと3本が

けの，基本2種を説明しておこう。

前項のグリップの握り方の，小指を中心に――という考えを活かすと，人差し指と中指をレバーにかける通称2本がけとなる。グリップのホールドのしやすさとレバーへの力の入れやすさを考え合わせると，これが一般的かな。今のバイクは，クラッチは軽いしブレーキも効くので，これで普通は足りる。もっとレバーに力をかけたければ，3本がけ式，その他，組み合わせは自由だが，4本がけのクソ握り型は，グリップ・ホールドができないので，やめたほうがいい。

市街地走行では，どれか1本の指をレバーにかけっぱなしにしておくと，即座に握れていい。ただし，コーナリング中などは，そんな余計なことをするな！

■ステップの踏み方

●常に土踏まずで踏んでいる必要はない。

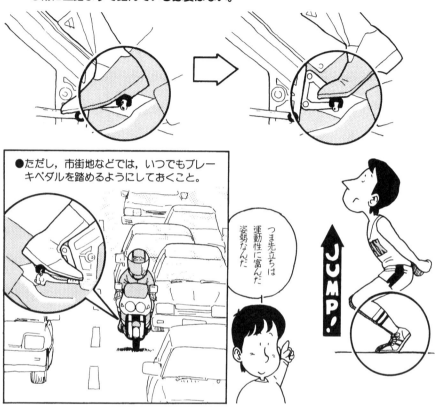

●ただし，市街地などでは，いつでもブレーキペダルを踏めるようにしておくこと。

つま先立ちは運動性に富んだ姿勢なんだ

JUMP!

　ステップに足をどう載せるかは，これもレバーの握り方と同じで，自分のやりやすい方法でいい。ときと場合によっても変わる。が，十分にステップ・コントロールができること，という条件は付く。それが分かってないと，ブーツのほんの先っぽをチョコンと載せたり，カカトでステップを踏んづけたり，てなブサイクなことになる。そんなんじゃ，転ぶゾ！

　では，ステップ・コントロールとは？　それは左右のステップへ別々に，最適な量だけ体重をかける。前後左右へ踏み込む。そうやって車体を傾け，あるいは加減速での車体バランスをとり，体をホールドしたり移動したり……。バイクは，スロットルとステップでコントロールする乗り物なのだ。覚えておいてくれ。

　それだけ様々な方向へデリケートに力をかけ，路面からショックを受けたときなどは柔軟にそれを吸収するには，ツマ先をステップに載せたほうが楽。ツマ先とは，親指の付け根付近の，足の裏のふくらみあたりだ。これだと，足首の関節が自由に使える。とくにコーナリングのイン側は，ベタ足ではやりにくい。

　ただ，ツマ先立ちだと，ペダル類の操作がワンテンポ遅れる。だから，土踏まずやその少し前方を載せるほうがいいときも少なくない。

　また，ツマ先にしろ土踏まずにしろ，足の裏とステップが常に平行に当たっている必要もないのだ。コーナリング中のイン側など，ＧＰライダーの走り写真でも見てみると，多くは斜めに踏んでるだろう。

■いつでも下半身でバイクと一体化

どんな時でも下半身でバイクと一体になっているのがベストなライディングフォームだと覚えておこうネ

ふんふん

まあこんなもんでしょう…

OK?

　今まで説明してきたステップへの足の載せ方やグリップの握り方、背中の形なんかが意味するもの、それはライディングの中心が、腰と足ってことだ。つまりは下半身だね。

　レバーやペダル、スロットル・グリップの操作は別として、バイクならではの体を使ったコントロールという重要な行為は、常に下半身の動き、力の入れ加減でやる。上半身はどうでもいいってわけではないが、上半身を主体としてコントロールすることは、少なくとも基本的にはない。下半身で確実に車体をホールドし、かつ操作すれば、上半身はバラバラに動いたり遅れたりすることなく、自然にちゃんとついてくるはずなのだ。上半身を積極的に使ってバイクをコントロールす

るテクニックも実際にはあるけど、それはものすごく高度なものだし、下半身だけでの走りが完璧にこなせて初めてできると考えてくれ。

　ステップを踏む足や、車体の左右ホールドをするカカトから太ももにかけて、そして尻で、バイクの挙動やタイヤの接地状況とかを感じとる。脚力で体を前後左右に動かし、ステップやシートから荷重してバイクをネかせ、コーナリングする。車体のフレも足や尻で抑える。直進でもコーナリングでも、加速も減速も、車体コントロールはすべて下半身。ハンドルは自然に切れるままにまかせる。と、そうやって乗るなら、どんなに大きくハングオンしても、リーン・アウトでも、体とバイクがバラバラになんか、ならないはずだ。

■エンジンを始動する①

さて、じゃあエンジンをかけてごらん

まぁたセンパイ人をバカにして

いくらボクでもエンジンぐらいかけられますよ

あ〜あ それじゃかかりにくくしているだけだよ！

キュルキュルキュルキュルキュルチュルチュル

ぐり ぐり

●エンジンが冷えている時の始動の仕方

チョーク（スターター）を引き、スロットルを全閉のままセルスターターを回す。

ヴォォ〜ン!!

キュルキュル

チョークレバー

セルスタータースイッチ

　バイクという名の道具の機能を最大限に活かし、使い切るのが、うまいライディングだと説明してきた。それは、エンジンを始動する瞬間から始まっているのだ。始動のやり方を見ただけだって、走りのうまいライダーとヘタッピーの違いは分かるもんだ。

　最初に、朝一番とかのエンジンが冷え切っているときの始動。そのときの気温にもよるけど、4ストロークエンジン車ではチョークレバー、2ストローク車ではスターターレバー（ノブ）を、まず作動させる。暖かい時期なら、チョークは半分くらい引けばいいかも。しかし、スターターは、機構的にオン／オフのスイッチだし、いつでも完全に効かせるのが、かかりをよくするコツだ。

　次にセルモーターなりキックペダルなりでエンジンに回転を与えてやるのだが、そのとき、スロットルは基本的に全閉にすること。わずかに開けたほうがいい車種もあるが、そのあたりは普段から愛車のクセをよくつかんでおくべきだ。どちらにしろ、スロットルを大きく開けたり、ガバガバと右手を動かすのは、ヘタッピーの証明でしかない。

　セルモーターは、連続して回す時間を2〜3秒に抑える。バッテリーの能力が急激に低下するからだ。ガソリンコックが負圧式の場合は、"ON"の位置のままではかなりセルを回さないと、ガソリンがキャブレターに降りてこないことも多いから、始動時だけ"PRI"の位置にセットするといい。

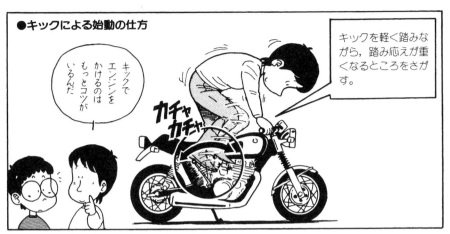

●キックによる始動の仕方

キックでエンジンをかけるのはもっとコツがいるんだ

キックを軽く踏みながら，踏み応えが重くなるところをさがす。

カチャカチャ

その位置から，全体重をかけて踏みこむ！

♪♪

バシーン!!

ふむふむ

はんぱな踏み方をするとケッチンをくらうよ

　ところで，なぜバイクにはガソリンコックがあるかっていうと，クルマと違って，多くは重力により，タンクからキャブレターへガソリンを送っているからだ。長時間停めておくとき，少しずつだが重力でガソリンがエンジン内に入ってしまうのを防ぐため，コックで止めているわけ。だから，停車時は自動的にオフになってくれる負圧式は〝ＯＮ〟の位置のままでいいけど，それ以外は自分で切り替える習慣をつけよう。

　キックのみの始動方式というバイクも多い。が，その多くを占める２ストローク車は，キックの踏力も軽いので，特に技術がいるわけではない。要点は，半端な位置からダラダラと踏まずに，キックペダルがフリーで一番高い位置に来たところから，勢いよく一気に踏み降ろすこと。モタモタやってると，ガソリンの飲みすぎでかからなくなるゾ。

　４ストロークでも，125cc以下の小排気量車や，デコンプ連動機構の付いてるものは，同様に始動する。ヘタにキックの踏み降ろし位置なんか調整すると，よけいにかかりにくい。それ以外の大排気量単気筒車は上の絵のような要領で始動する。

　キック始動で注意すべき点は，スロットル開度。ペダルを勢いよく踏むときに，無意識に右手が動いてスロットルをひねってしまうことが多いのだ。

　セル式にしろキック式にしろ，数回やってもエンジンが始動しそうな様子のないときは，原因を考える。むやみに続けると，かかるものまでかからなくなる。

■エンジンを始動する②

●始動後は，十分なウォーミングアップをしよう。

すぐにレッドゾーンまで回すなんて無茶はしないこと。

●チョークを戻しても，スロットルに回転がついてくるようになるまで，暖機運転をする。

人間だって運動をする前はウォーミングアップするだろう？

　エンジンが冷えている状態から，パラッ，バブーンと始動した。それ走れ！　ではこまるのだ。一定の温度範囲にならないと，エンジンはヘソを曲げるゾ。

　エンジンが冷えていると，まずガソリンと空気がちゃんと混合しない，燃えない。だからパワーがないのはもちろん，スロットルへの反応も不自然で，息つきやエンストを起こす。それを無理矢理，スロットルをガバガバひねって走ると，ガソリンの飲ませすぎから燃焼室やプラグにカーボンを溜めることになる。

　それ以上に，設定温度以下では，たとえばピストンとシリンダー間など，各しゅう動部分のすき間が，ちょうどいい寸法になってない。オイルも全体にまわっていないし，そのオイル自体も，潤滑に都合のいい粘度になっていない。ということは，無負荷で空転させるのではなしに，その状態から負荷をかけて走ると，エンジンを痛めることは確実なのだ。

　いきなり全開でブッ飛んでいくのが，いかにムチャなことか分かるね。そんな乱暴な使い方をしても，レーサーとは違って，ノーマル市販車はすぐに動かなくなりはしない。けれども，本来の性能がグングン落ちていって，寿命も短くなるのは間違いない。

　そこで暖機，ウォームアップをやることになる。4ストローク車のチョークには，ファースト・アイドル機構というアイドリング回転を少し高める仕組みがあるものが多いが，その場合は，チョークを引いたままにしてエンジンを回しておく。回転が高くなりすぎた

28

●チョークの引きすぎは禁物。

バラバラン

エンジンがバラバラし出したら注意

プラグがぬれてエンジンが止まってしまうよ

止まるとめんどうなことになるんだって……

●かぶってエンジンがかからない。

これでかからなかったらプラグの交換が必要だネ

スロットルを全開にしてセルを回す

キュルキュルキュルキュル

ズボボボ

ギャウン！

●暖機後の始動の仕方

チョークを使わず，アクセルワイヤーを1〜2mm引く感じで固定し，セルを回す。

さあて次は押しがけの仕方を教えようか！

おっと，レーサーみたいだ

り，排気音がボソボソとバラつき出したら，少しチョークを戻して，また続ける。ファースト・アイドル機構のないものは，スムーズに回転を持続できる程度までだけスロットルで回転数を上げ，かつその状態を保てるところまでチョークを戻していく。

こうして，チョークを完全に戻しても，スロットルをスッと開けた分だけエンジン回転もスッとついてくるようになったら，走り出す。それでも，すぐに大きくスロットルを開けて大きな負荷をかけたり，レッドゾーン近くまで回したりしないで，しばらくはスムーズに走ること。

2ストローク車は，もっとシビアに暖気の操作をするべきだ。まず，始動したらなるべく早い時期に，ス

ターターを戻すこと。さもないと，生ガスがクランクケース内に溜まってしまうからだ。そうなると，少し走ったくらいではカブリが飛ばない。一応は普通に回ってるようでも，実際には馬力が半減する。ひどいときは回転不調やエンストになる。

スターターを戻したら，スロットルで回転をスムーズに保つが，絶対にバンバン吹かさない。よく見る光景だが，これは生ガスを生ませ，機械も痛めるだけでしかない。走り出してからも，しばらくは回転を抑えて，スロットルもジワーッと少しずつエンジン回転に見合った分だけ開けていく感じが大切だ。

4ストにも言えるけど，始動後に右手をガバッとひねって，ギャーンてのは，ヘタな証拠なのだ。

■押しがけ

3.シートにドカンと体重をかけるように横乗りになり，同時にクラッチを一気につなぐ。

●エンジンがかかったら，クラッチを切りバイクにまたがる。

パオ！

●エンジンがかからなかったら，とびおりてクラッチを切らずに押し続ける。

　どんなに機械技術が進んでも，最後にモノをいうのは，人間の頭とワザ。少なくとも，バイクに乗るキミは，これを忘れないでほしいね。ちょっとエンジンがかかりにくいだけで修理屋に電話するクルマのドライバーみたいにはなってほしくない。

　というところで，押しがけのテクニックだ。体力も少しはいるが，問題はやっぱり頭とワザ。セル始動のバイクでバッテリーが上がったときとか，エンジンがカブリ気味のときなんかに，覚えておくと役立つよ。

　まず押しがけに入る前に，ギアを1～2速に入れてクラッチを切り，バイクを前後に動かす。クラッチディスクとプレートの間に，適当にオイルをまわしてやることで，クラッチの切れをよくするためだ。

　次にエンジンが冷えている状態なら，チョークやスターターをセットし，スロットルは全開。カブッているなら逆に，スロットルやスターターを戻し，ガソリンコックをオフにして，スロットル全閉。この始動体勢は，通常と同じだね。

　それから，始動用のギアにシフトする。押すときの重さとエンジン回転の勢いのかね合いから，普通は2速ギアがいいだろう。2ストローク車では，1速ギアも可だ。そしてクラッチを切らずにバイクを後方に押し，手応えのあるところで止め，押しがけに入る。

　クラッチを切って一気に前へ押し出すのだが，クラッチの引きずりが重くて，思うように押せず助走の勢いがつかないこともある。特に大排気量車でエンジン

2. その位置から, クラッチを切って押し出す。

1. ギアを入れた状態で, クラッチを切らずにバイクを後方に押し, 動きが重くなるところをさがす。

ぐっ

ギアはセカンドが適当。

力がいりそう！

バッテリーが上がった時などに有効だよ

●圧縮の軽い2サイクルなどは, 腹や胸でタンクを押さえつけるだけでOK！

が冷えていると苦しい。そんなときは, 一度ギアをニュートラルにして押し出し, 助走がついたところで, 素早くギアをシフトして始動するのがいい。

バイクを押し出すとき, ヘッピリ腰は絶対にダメ。250cc以上など, そんなことでは助走がつかない。体全体をなるべく車体近くに寄せる。両腕のヒジは曲げ気味にして, ハンドルも遠くなりすぎないように。そして骨盤をシートの縁に押し当てるようにして, 腕ではなくて腰(尻じゃないゾ)で押し出す気持ちでやることが大切なのだ。車体は直立に近く立てる。

その感じで, 自分が持っている体力を一度に出すように, 一気に助走スピードをつける。ダラダラ押してると, 疲れるばかりで勢いがつかない。十分すぎると

思うくらいにスピードを乗せてから, パッとクラッチをつなぐ。あるいはギアシフト(ノークラッチでもいい)してやる。どちらにしろ, 半クラッチなしでパッとやるのがポイント。そのときに, 4ストローク車などは後輪がロックしてしまうこともあるので, その場合にはクラッチミートの瞬間にピタリ合わせてシートにドンッと飛び乗る。あるいは胸や腰からバイクに体重をかける。そうやって後輪からエンジンが回され出したら, 始動の反応があるまで, 止めずに押し続けること。回し続けるのが大切だ。

パラッと始動反応があったら, すぐクラッチを切ってまたがり, ブレーキはかけずに, ギアはニュートラルにし, エンジン回転の抵抗を減らしてやる。

■スタート

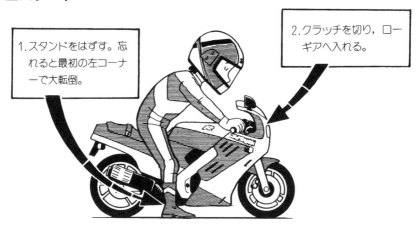

1.スタンドをはずす。忘れると最初の左コーナーで大転倒。

2.クラッチを切り，ローギアへ入れる。

●走り始めは，クラッチを2～3度切ったりつないだりして，クラッチ回りのオイルを拡散させる。

ギュッ

？

ギュッ

始動して暖気も済んだ。スロットルをグイとひねってクラッチをポンと放し，ガックン，ギャオーンとスタートダッシュ──というのは，カッコイイようでいてダサイ。それは技術的には幼稚だし，本当に速いダッシュとも違う。もちろん危ないね。自分の意志でバイクをコントロールし切れてるのじゃないんだから，ただ勢いで前に飛び出してくだけだ。

速くなりたいとキミが思っていようがいまいが，うまくなりたいんだったら，とにかくスムーズで確実なスタートを身につけることだ。ある程度キミがうまくなっていっても，何年か走り込んでからも，常にスムーズに，できるだけ低いエンジン回転で，かつエンジンに無理をかけずに，早めにクラッチを完全につなぐ

トライを毎日でもやるべきだと思う。そういう姿勢を持ち続けることで，クラッチやスロットルのデリケートなコントロールがうまくなっていくからだ。もちろん，他人に白い目で見られないためとか，バイクを痛めないためでもあるけど。

で，朝一番のスタートなんかでは，ギアをシフトする前に，クラッチを2～3回，切ったりつないだりしておく。湿式クラッチでは，クラッチディスクとプレート間のオイルまわりがよくないと，ギアを1速に入れたとたんに，クラッチを切っていてもバイクが前にズッと出てしまうことがあるからだ。

また，朝一番でなくても，ギアシフトのときの不意の飛び出しはあり得る。それを避けるために，ニュー

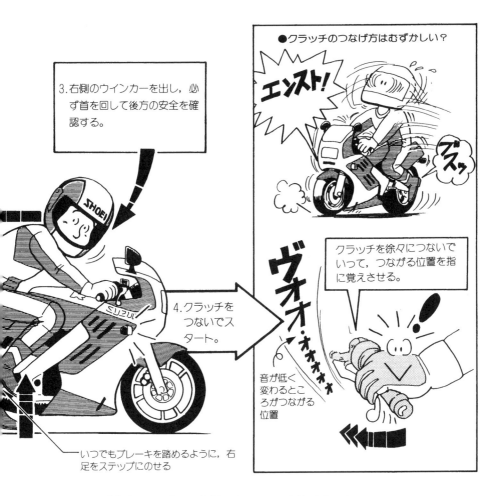

●クラッチのつなげ方はむずかしい？

エンスト！

ブスッ

3. 右側のウインカーを出し，必ず首を回して後方の安全を確認する。

4. クラッチをつないでスタート。

ヴォオ・ォォォォォ

音が低く変わるところがつながる位置

クラッチを徐々につないでいって，つながる位置を指に覚えさせる。

いつでもブレーキを踏めるように，右足をステップにのせる

トラルのときから前後どちらかのブレーキを確実にかけておく。常にそうする習慣を身につけなければならない。これはまた，セルモーターやキックで始動するときも守るべきだろう。

次に，クラッチを完全に切り，ギアを1速へスコンと入れる。この〝スコン〟の感じが大切。ガチャンッなんて蹴り込んでいるようでは，いつまでたってもうまいライダーにはなれない。機械に無理をかけず，そして素早くシフトするのが，スムーズに走るにも速く走るにも，欠かせない技術なのだ。そのためのトレーニングは，こんなところから始まってるわけだね。最初はゆっくりとでいいから，常にスコンとシフトしてやるように。この時点でエンジンを吹かしているようでは，スコンとはいかないゾ。

ギアが入ったら，教習所で習ったようにウインカーを出して後方を確認して，という安全のための手順をちゃんとやる。慣れるとすぐに忘れがちだが，これをミスッて事故ると，かなり痛いめに遭う。

それからクラッチレバーを放しつつ，スロットルをひねって半クラッチからスタートとなる。ここで，なるべくエンジン回転を上げないで，かつクラッチのつながり始めから完全ミートまでほとんど回転を一定に保つトレーニングをしてみよう。最初はゆっくりと，長い半クラッチを使いながら，感触を覚える。そして次第に，半クラッチの時間を極力短くしていく。もちろん，ギクシャクさせずにだ。

■シフトアップ

●クラッチを切っている時間を,なるべく少なくする努力をしよう。

あらかじめシフトする方向に力を加えておく。

クラッチを切っている時間は加速していない無駄な時間なんだ

●無駄なことをしている代表例。

ブォン!!

ブオオオ

ダブルアクセルとかいうのはほとんど意味のないことなんですね

　スタートしたら,今度はスピードが上がるのに合わせて,エンジン回転を目差す範囲に収めるために,ギアをシフトアップすることになる。が,そこで,ブォーンと走っていって,クラッチを切ると同時にブォンと吹かして,またブォーン,というやつ。あれだけはみっともないから,やめてくれ。まったく何の意味もなく,遅くてうるさいだけだ。ベテラン連中はそうやって走ってくライダーの後ろで「バーカ」と言ってるの,知ってるかな？

　シフトアップで,クラッチを切っている時間は,空走区間にすぎない。加速はしてないし,スロットルでバイクをコントロールもできず,ダ性で走ってる。そんな時間は,なるべく少なくしたい。すると,ブォン

なんてやってるヒマはないのだ。

　で,最初のうちはタイミングを覚えるために,シフトアップする前から,シフトペダルの下側にツマ先を入れて,ペダルを軽く上へ押し上げておくのも,トレーニング法のひとつ。その状態から,スロットルを少し戻す(全閉ではなく,加速力がなくなるくらい)と同時に,クラッチをパッと切る。するとギアは,スコンと入るはず。前にも言った,例のスコンの感じだゾ。そしてすぐに,クラッチをつなぎつつ,スロットルを適度に開ける。

　スロットル開閉とクラッチの断続をピタリと合わせ,スムーズに一定の加速で進むように心がけていけば,前もってペダルに力をかける必要もなくなる。

34

■シフトダウン①
●回転数の差によるショックを,どうやってなくしてやるか？

　シフトダウンの目的には，2種類がある。ひとつは，たとえば 50km/h でトップギアを使って走っている状態から追い越し加速するとか，坂を登るとき。加速に必要な，大きな駆動力を得るためのものだ。

　そこでは，シフトアップのときと同じ要領だ。瞬間的にわずかだけスロットルを戻しつつ，パッとクラッチを切ってシフトダウンし，すぐに加速に移る。クラッチを切ってる時間が長いほど，クラッチミートでエンジン回転を合わせにくくなり，ショックが出る。ここでも，ブォンの空吹かしは不要。

　そのとき，6速ギアから3速ギアとかいうように，ギアを何段かシフトダウンしなければならないこともある。それを1度にまとめてやると，エンジンの回転数差はすごく大きいし，クラッチを切ってる時間も長くなるしで，スムーズにクラッチミートしにくくなる。だから，1速だけシフトダウンして一瞬加速し，それを何度か繰り返す。そのほうが楽だし，かえって速いはずだ。

　次に，第2の目的。ブレーキングしてるとき，下がっていく車速に合わせて，ギアを落としてやる場合だ。ここでは，シフトダウン後にポンとクラッチをつなぐと，ガクンというショックが出る。後輪がロックして，車体が不安定になることも。それは，上図のように半クラッチを使うと防げるし，実際にそういうテクニックが有効な場面もある。が，もっと基本的な方法と考え方を，次のページで説明しよう。

■シフトダウン②

●空ぶかしをしてからクラッチをつなぎ,シフトダウンのショックをなくしてみよう。

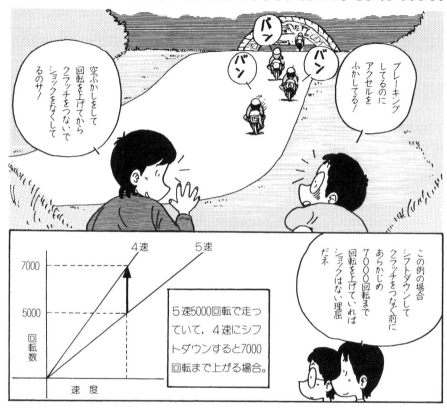

5速5000回転で走っていて,4速にシフトダウンすると7000回転まで上がる場合。

　減速中に,単純にシフトダウンしてクラッチをつなぐと,なぜショックがあるか? それは,上のグラフで分かるように,同じ車速でもギアが違うと,エンジン回転数に差があるからだ。

　では,その差を補ってやればいい。そのためには,今までダメだと言ってきた"ブォン"を使うのだ。クラッチを切り,シフトペダルを踏み込んでいる間に,クラッチを切ったまま,スロットルを一瞬だけパッとひねって回転を上げる。そして,すぐにスロットルを戻しつつ,クラッチミート。

　ここでも,クラッチを切っている時間をなるべく短くしないと,回転を合わせづらくなる。その短い時間に,ピタリとタイミングを合わせて,しかも高すぎず低すぎずのエンジン回転に上げるだけの空ぶかしをする。慣れないと,ちょっと難しいけど,これは体で覚えるしかない。リズム感が大切だ。おまけに右手はブレーキレバーも操作しなけりゃならない。

　そこで最初のうちは,安全な場所で,前後のブレーキを使わずに,エンジンブレーキだけの減速で徹底してやってみるといい。そうやって,タイミングを覚えるのだ。

　それでも,実際には,これはほとんどの場合,前後ブレーキを使いながら行うテクニックだ。赤信号を発見してスロットルを戻していったら,青になったので加速,というようなときには,前項の追い越し加速のときと同じシフトダウンでいいはずだからね。

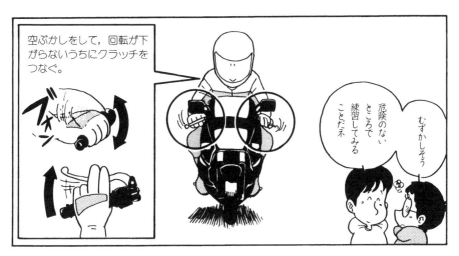

空ぶかしをして，回転が下がらないうちにクラッチをつなぐ。

ブォーン

むずかしそう

危険のないところで練習してみることだネ

クラッチをつないだ時に前に飛び出すようでは，回転の上げすぎ。

ガクン！

回転が低いと，リアタイヤがロックする。

ギャッ

　それを，ガンガンとシフトダウンしていつもエンジン回転をレッドゾーン近くまで上げ，エンジンブレーキで減速——なんてのは，根本から考え方が間違ってる。下り坂でスピードを殺すのに１速落とすくらいならともかく，ほかはダメ。キミのバイクには，前後輪にちゃんと本来のブレーキがあるだろう。本当に減速したいのなら，そのブレーキを使いなさい！

　コーナーの入口で，ブレーキングしつつギアをシフトダウンしていくのはなぜか？　エンジンブレーキのためなんかじゃない。コーナーを曲がるときに，そしてそこから加速していくのに，ベストなギアにしておくためなのだ。エンジンブレーキなど，効きすぎるとかえって車体が不安定になったりするもので，長い下り坂や信号などでの速度調整以外は不要だ。

　ということは，ブレーキングを終えるまでに，目的のギアに入れればいい。慌てる必要はないのだ。前後ブレーキで十分にスピードを下げてから，１速ずつスコン，スコンとシフトダウンしていけばいい。すると，同調させるべき回転数の差は少なくなるし，絶対的なエンジン回転も下がるから，クラッチミートでのショックはグンと少なくできる。高いギア位置では，ほとんどスロットルをアオらなくてもいいくらい。その分だけ楽になった右手は，ブレーキレバーのコントロールに集中できる。

　右手を大きく動かしながら，エンジンをギャーッと回し，後輪をバタつかせてるようなのは，ヘタクソだ。

■ブレーキング①

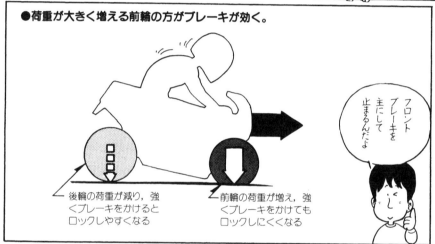

●荷重が大きく増える前輪の方がブレーキが効く。

後輪の荷重が減り,強くブレーキをかけるとロックしやすくなる

前輪の荷重が増え,強くブレーキをかけてもロックしにくくなる

バイクでは,クルマと違ってブレーキ操作が前後別別だ。面倒くさいと思うかもしれないけど,バイクにはそれが必要な理由がある。なぜか？

ブレーキをかけると,車重とライダーの体重を合わせた重さのうち,前輪にかかるものが増え,後輪のは減る。減速Gによる荷重移動ってやつだ。さて,タイヤを路面に向かって垂直に押し付ける力,つまり垂直荷重が大きいほどに,タイヤのグリップ力は増す。ということは,フロントタイヤのグリップ力が増し,リアは減る。そして,制動力とは,所詮はこのタイヤのグリップ力に頼るしかない。分かるかな？

バイクはクルマに較べて,車体は高くて,全長は短いために,この減速時の前後荷重移動量がすごく大き

い。減速の度合いによっても,移動の量はガラリ変わる。さらにふたり乗りだと急変。そこで,その時々に見合ったブレーキ力をそれぞれの車輪に与えるためには,前後独立のブレーキでないとマズイわけだ。またこれは,バイクのブレーキ性能はライダーのウデ次第と言われる原因でもある。難しいけど,絶対に使いこなせなけりゃ危ないし,やればやるほど面白いのも確かなのがブレーキングだ。

ここまで話してくると,強い制動力を発揮させられるのはフロント側ってことは,もう分かるだろう。しかも,手というデリケートな力の調整ができるもので扱うのだ。バイクの制動の主役はこれ。リアは,路面に押し付けられる力が少なくなってる分,強くブレ

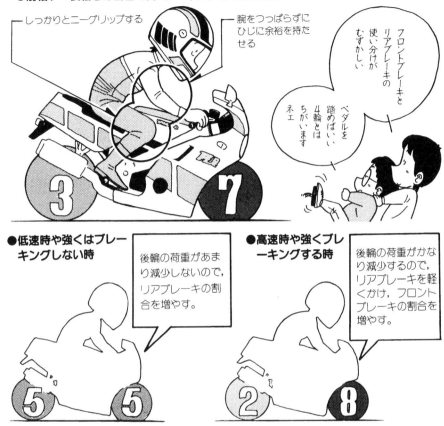

●前輪7：後輪3の割合で,ブレーキングしてみよう。

しっかりとニーグリップする

腕をつっぱらずにひじに余裕を持たせる

フロントブレーキとリアブレーキの使い分けがむずかしい

ペダルを踏めばいい4輪とはちがいますネェ

3　　　**7**

●低速時や強くはブレーキングしない時

後輪の荷重があまり減少しないので,リアブレーキの割合を増やす。

5　　**5**

●高速時や強くブレーキングする時

後輪の荷重がかなり減少するので,リアブレーキを軽くかけ,フロントブレーキの割合を増やす。

2　　**8**

ーキをかけるとすぐにロックして,あとは制動力が逆に低下してしまう。足で操作するから, 細かい力の調整も難しい。

とはいえ,やはり後輪も同時にかけないと,車体が不安定になってしまうし,制動距離も伸びる。それに車速やどのくらい制動をかけるかでも,前後のブレーキ力配分は変わる。バランスなのだ。

低速時ほど,そして減速度が小さいほど,リアブレーキにかける力の配分は増せる。40km/h以下なら,前後同量くらいでもいい。反対に,100km/h以上からのフルブレーキでは,ときには前9の後ろ1くらいにもなる。その間の無限の段階は体で覚えるのだが,そのためには,安全な場所で60km/hくらいから,前7後ろ3

の割合でのフルブレーキの基本を何度もトライしてみるのが一番だ。

そこで重要なのは,ライダーであるキミの体。強い減速Gの中で,前に言った基本フォーム(体のホールド)を守り抜くことだ。ヒザやクルブシなどで, ガッチリとニーグリップ。腰を引く感じで背中を丸め気味にし,背筋力で上体を支える。こうして体が前へずれるのを完全に防いでおいて,腕にはまったく体重をかけない！ とても難しいが,そのくらいの気持ちが大切だ。それでないと,車体のバランスをとったりブレーキをデリケートに扱ったりはできない。ステップを前方に蹴り出すようにするのも,体の支えに役立つ。そして,視線は近くを見ないように心がける。

■ブレーキング②
●ブレーキングでタイヤをロックさせないためには？

荷輪には大きな荷重がかかるからそう簡単にはロックしないんだけどネ

ロックしそうでこわくてフロントブレーキを強くかけられないんですよ

●ジワリとブレーキをかけてみよう。

フロントタイヤのロックは転倒しやすいから注意！

ギュッ！

ギャッ！

ジワッ…

ブレーキはいきなりギュッ！とかけるのではなく，ジワリとかけるとロックしにくい。

フロントブレーキが主役だから，さあ目一杯にかけなさいと言われても，バイクに乗り始めたばかりのキミには，そう頭で考えるほどには思い切れないんじゃないかな？　ロックしそうで怖いのでは？

そこでまず，前項で話した基本フォームをよくおさらいしてみるベシ。腕に体重がかかってないだろうか。もし腕がまったくフリーならば，前輪がたとえロックしても，ブレーキレバーをスッとゆるめれば，それだけでバイクはバランスを取り戻せるものだ。もちろん原則的には直進状態でのことだが，もしも，下半身のホールドがアマいと前にツンのめるような形になるので，気分的にもかなり恐怖感が増すものである。

さらに，ハンドルを通して体重が前輪にかかると，

かえってフロントタイヤがロックしやすくなる。タイヤにかかる荷重が多いほどそのグリップ力が増すと言ったけど，それには限度があり，一定以上だとグリップ力が急に下がり始める。モロに体重が前輪にかかると，その域まで荷重が増しすぎるわけだ。

そこで，最初はそんなに強いフルブレーキでなくていいから，前７後ろ３の配分でスムーズに制動してみる。そこで，完全に下半身で体をホールドでき，ヒジを軽く曲げて腕をフリーにすることをマスターする。それから，次第に強い制動にしていくといい。自信をつけること，ブレーキング中に冷静でいられることは，うまいブレーキングには欠かせない要素だ。

次に，ブレーキレバーの握り方について。これを「さ

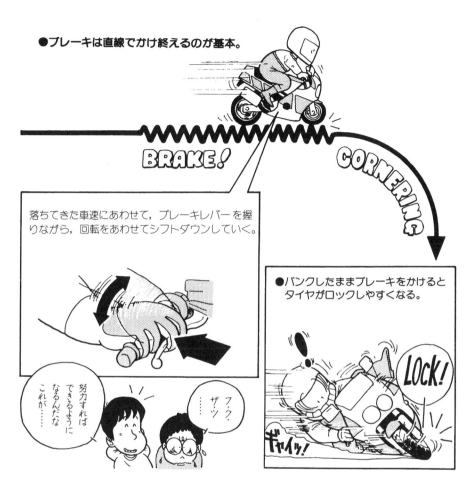

●ブレーキは直線でかけ終えるのが基本。

BRAKE!

CORNERING

落ちてきた車速にあわせて，ブレーキレバーを握りながら，回転をあわせてシフトダウンしていく。

これが……なるんだな努力すればできるように

フク…ザッ…ッ

●バンクしたままブレーキをかけるとタイヤがロックしやすくなる。

LOCK!

ギャイッ!

あブレーキングだ，ドンッ」とかけたのでは，わざとロックさせてるようなものだ。握る力自体はたいしたことなくても，そういう具合に車体やタイヤにショックを与えると，瞬間的にロックする場合がある。もちろんそれでは，本当の意味でのフルブレーキもかけられないわけである。

ジワッと握る。この感覚が大切なのだ。最初のうちは，握り始めから最大入力まで1秒以上かかってもいいから，粘土でも握りつぶすようにジワッと握り込んでいく。そうすると，タイヤなどにショックがかかりにくい。さらに，そうして握り込みながら，タイヤのグリップ限界を探り，ロック寸前のところをキープすることができる。ロック寸前というのは，タイヤがギ

ャーッではなく，ククク，ギューッと鳴くような状態。これは音というより，あくまで感覚だけど，それを体で覚える。

慣れるに従い，握り込みを少しずつ速くする。「ジワッ」というのも感覚であって，コンマ何秒かの中でもそれをやる。ただ，無理に握り込みを速くする必要はまったくない。確実にかけたほうが絶対に短い距離で制動できるし，なにしろ安全だ。

実際にコーナーの入口でのブレーキングは，シフトダウンの項で説明した要領で，ゆっくりギアを落としながら行う。そしてバイクをネカせ始める前に，十分に減速し終えて，ギアも落としておく。ネカせながらのブレーキングなど，本当は遅くて危ないだけなのだ。

■コーナリング①

●バイクはバンクしなければ曲がれない。

●クルマはハンドルを切って曲がるが，バイクは内側に重心を移して曲がる。

　コーナーでは，バイクはネカさなきゃ曲がんない。これは誰でも知ってるけど，なぜネカすのかとなるとどうかな？　この理屈が分かってないと，どうやってネカすか，どこまでネカすかが理解できないのだ。

　まず，バイクにはタイヤがふたつしかない。となると，コーナーを曲がるときの遠心力で，アウト側にフッ飛ばされないためには──。そう，タイヤの接地点よりイン側に，バイクとライダーが合わさったときの重心を，適度に移してやる必要がある。ライダーだけがイン側にずれても重心は移動できるが，それだけでは追いつかない。この重心移動が，バイクをネカす目的のひとつめ。

　ふたつめは，タイヤに曲がる力を生ませるため。タ

イヤというものは，路面に対して傾いて転がっていくと，その傾いた側に曲がろうとする力を生む。これは難しく言えばキャンバースラストというものなんだが，知ってると自慢話のネタになるかもね。

　さて３つめだが，これが重要。バイクをいくらネカせても，前後輪が一直線にそろったままでは，両方のタイヤのキャンバースラストがフレームの中で打ち消し合うだけで，曲がれない。ところが，バイクという乗り物は，車体を傾けるとそれだけで，自動的に前輪が傾いた側に向く。つまりハンドルが切れるようにできている。そこで，前後それぞれの発生するキャンバースラストをメインとして，さらに前輪には４輪がハンドルを切ったときと同じような力も少しは加わって

ところでバンクすると転びそうでこわいんですよボク…

うーん

●肩に力が入るのが，一番マズイ。

肩の力を抜いて下半身でバイクと一体になる基本を忘れずに！

ガチッ!!

コワイ

転びたくない

転びそう

どうしよ

●フロントタイヤの自然な動きを殺すような，変な力をハンドルに加えないこと。

バイクはライダーがいなくたってコーナリングできるんだ

これを心がけていれば簡単に転ぶなんてことはなくなるよ

フロントタイヤの向きたい方へ向かせていればイイんですね

……まあとにかく曲がれるわけだ。

　細かい理屈はともかく，バイクはハンドルが切れるから（目に見えないほどであっても），曲がれるのである。そしてまた，ここではライダーが意識してハンドルを切っているのではない。ここに注目。切ってはいけないと言ったほうがいい。超極低速では，切ったり切れすぎを抑えたりもするが，それはほんの補助として力を加えるだけ。それ以外でも，意識して切るテクニックもあるが，飛び切り高級テクと考えるベシ。

　そこで思い出してほしいのが，またもや基本フォームなのだ。下半身で体を支え，腕はフリーに，というやつね。上半身ガチガチでバイクをネかせたとする。腕や肩に力が入ってるから，ハンドルは固定されたも同然で，イン側に切れない。切れないから曲がらない。曲がらないからもっとネカす。怖いよなぁ，当然。それに，ハンドルは一定に切れてるだけじゃなく，細かく動きながら車体のバランスを取ってるのに，それができないから不安定。その不安定さを無意識に感じるくらい人間は敏感だから，また怖い。もちろん本当に危ない。そしてバイクの向きが変わりにくいんだから，確実に遅い。

　分かったかな？　ネかせるのが怖いとしたら，それは間違った乗り方だからだ。深くネかせるだけではバイクは曲がんないし，ちっともエラくなんかない。下半身でバイクと一体になって，気持ちよくスーッとネかせる。これが一番速くて安全で，そして楽しいのだ。

■コーナリング②
●体をイン側に移動してバンクする。

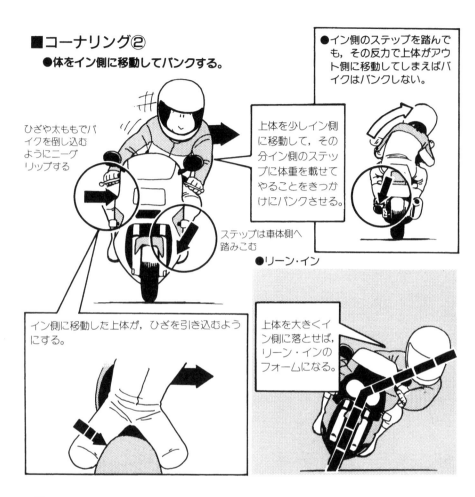

ひざや太ももでバイクを倒し込むようにニーグリップする

上体を少しイン側に移動して、その分イン側のステップに体重を載せてやることをきっかけにバンクさせる。

ステップは車体側へ踏みこむ

イン側に移動した上体が、ひざを引き込むようにする。

●イン側のステップを踏んでも、その反力で上体がアウト側に移動してしまえばバイクはバンクしない。

●リーン・イン

上体を大きくイン側に落とせば、リーン・インのフォームになる。

賢いキミは、前のページを読んだところで、バイクはネカせりゃ曲がるもんではない、と気付いてくれたと思う。それでもやっぱり、すべてはネカせることから始まる。では、どうやってネカすかだ。

それは、曲がって行こうとする側、つまりイン側となるステップに、アウト側よりも多くの体重を載せてやることで行う。このように車体各部に体重を〝載せる〟という感覚は大切で、〝荷重する〟と表現する。

バイクをネカせる操作の主役は、徹頭徹尾このイン側ステップへの荷重増だと覚えておいてくれ。まず最初に、これだけでバイクをネカせることを覚えなければならない。これは基本テクでありながらまた、他の操作を合わせて使う場合でも、どんなハイペースであ

っても、これをメインにネカせるべきなのだ。バイクの持つ機能をそのまま活かす方式であり、それでどんなにクイックな倒し込みをしたとしても、前後タイヤは確実に路面へグリップさせ続けられるし、曲がる能力も最大限に発揮させられる。

なんだ、当たり前のことを、なんて言ってるキミ。本当にこれだけでバイクをネカせられてるかな？ イン側ステップを単純に踏もうとすると、それはステップを先端方向に向かって踏むことになり、一瞬は車体が少し傾くが、イン側の足がタンクなどに当たったりした後は、それ以上は傾いていかない。一方、イン側ステップを踏み込んだ反力で、体はアウト側へ逃げてしまい、バイクとの合成重心も移動しない。だから曲

44

●バイクから先に倒し込んでやりバンクする。

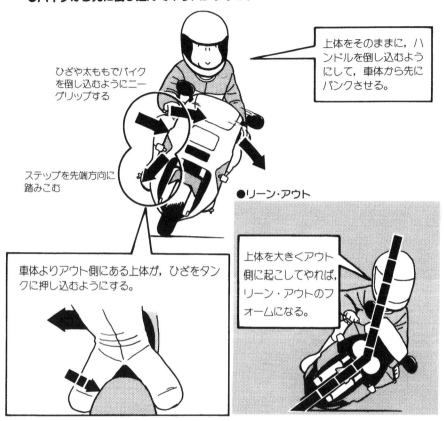

ひざや太ももでバイクを倒し込むようにニーグリップする

上体をそのままに，ハンドルを倒し込むようにして，車体から先にバンクさせる。

ステップを先端方向に踏みこむ

●リーン・アウト

車体よりアウト側にある上体が，ひざをタンクに押し込むようにする。

上体を大きくアウト側に起こしてやれば，リーン・アウトのフォームになる。

がらない。それを，無意識のうちにハンドルをコジッてツジツマを合わせてるライダーが，すごく多い。

　イン側ステップは，その根元，車体方向に向かって踏み込む。これがコツだ。こうすると，体がアウト側に逃げることなく，バイクと一体になってコーナーに入っていける。

　とはいえ，よりクイックな倒し込みが必要とか，スピードが出ているときとかには，車体中央に座ったままでの荷重では足りない。そこで，上半身をイン側に移しつつイン側ステップを踏むと，そこにより大きな荷重ができる。こうすると，一般にリーン・インのコーナリングフォームになる。そのとき，アウト側の足で車体を引き倒す動作を併用することもあるが，それ

を意識しすぎるのは，タイヤのグリップを無視したコジリ倒しになるのでよくない。やはりメインは，イン側ステップへの荷重だ。

　逆に，アウト側の足も活用した倒し込みが有効なときもある。その足で，ステップを先端方向に踏みつつ反力でヒザをタンクに押し当て，そのヒザからタンクに体重を載せる感じ。これは結果的にリーン・アウトのフォームになる。それでも，最初のキッカケは，やはりイン側ステップへの荷重だ。

　なお，どの倒し込み方でも，ハンドル・バーを使ってフロントからもネカすテクを併用することがある。が，これは想像以上に難しいから，当分はハンドルにまったく力をかけないで走り込むべきだね。

■コーナリング③

●コーナリング中の基本フォームは，リーン・ウィズだ。

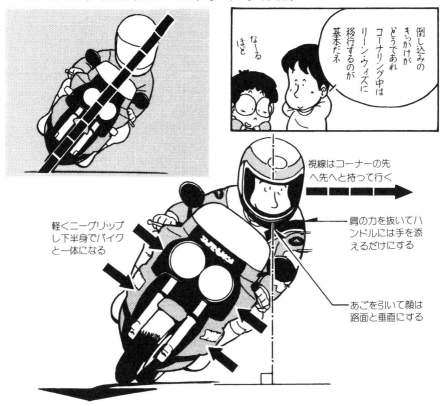

倒し込みの
きっかけが
どうであれ
コーナリング中は
リーン・ウィズに
移行するのが
基本だネ

なーる
ほど

視線はコーナーの先
へ先へと持って行く

軽くニーグリップ
し下半身でバイク
と一体になる

肩の力を抜いてハ
ンドルには手を添
えるだけにする

あごを引いて顔は
路面と垂直にする

　直進しているバイクを，コーナリングのためにネか
すというのは，それまで保たれていたバランス状態を
崩すことだ。だから，それなりに大きな荷重移動やモ
ーションも必要になる。ところが，バイクがネてしま
ってコーナリング体勢に入れば，これはまた別のバラ
ンス状態。すると，もう極端な操作はいらないわけ。
　イン側ステップにグンと荷重して倒し込み，目的の
バンク角まで傾いたら，いや正確にはその一瞬手前で
その荷重を適切な分だけ抜く。抜いた分の体重は，反
対側のステップか，あるいはシートに載せる。これに
より，遠心力とバランスしたところで，バンク角は定
まる。それはムダのない安全なバンク角であり，コー
ナーを十分に曲がれる体勢のはずなのだ。アウト側の

足から車体へ体重を載せて倒し込んだ場合でも，理屈
は同じで，荷重移動を減らすかやめればいい。
　そう，これだけのこと。難しく考える必要はない。
それを，どんなフォームでコーナリングするかに気を
取られるから，バイクがフラつく。ハングオンに夢中
になってるヤツなど，いい例だ。だいたい倒し込みの
ところで出てきたリーン・イン，アウトといったもの
は，どう荷重するかで結果的に表れる形。その傾向の
形になりやすいというだけのこと。形を先行させて考
えるのは，間違いの元だ。キミは，倒し込みのために
適切な荷重をし，バイクが傾き始めたらそれをバラン
ス荷重に戻すことだけを考えていればいい。
　つまり，気持ちとしては，常に基本フォームのまま

背筋で上半身をささえ，腕には体重をのせないようにする。

路面からのショックはひじで吸収

腕をつっぱっていると体全体がつき上げられ，バランスをくずしやすい。

ニーグリップすることで，バイクとの一体化を増してやる。

ニーグリップしていないとバイクから放り上げられ，バランスをくずしやすい。

だ。荷重移動が，必ずしも体の移動とは限らない。

　もっとも，ここでは車体が路面に対して傾いているわけだ。直進時のフォームでそのまま傾くと，頭もいっしょに，となるが，これは路面に対して常に垂直に保ち，かつ車体中心からずらさないのがベター。そのほうが，自分とバイクがどのくらい傾いているかを客観的につかみやすいし，自分がこれから進んでいく方向の視野も広く確保できるからだ。また視線は，バイクの前方正面ではなくて，進むべき方向，つまりイン側の先々へ向けなければならない。

　この首から上以外は，基本フォームのときと同じ理屈で考える。両足は，車体に軽く当てて，バイク（あるいは自分の体）をホールドしつつ，バイクの動きを感じ取る。常に強くニーグリップしている必要はないけど，フラれたときや路面から突き上げられたときなど，即座にグッと抑える体勢は保つ。それに，〝腰で乗る〟なんていわれる人車一体感覚をマスターするためにも，最初のうちは両ヒザでタンクを挟んでコーナリングするといい。慣れるに従って，ヒザを使わなくても，カカトや太ももで同様の一体感が保て，ホールドもできるようになる。

　そして上半身は，背筋で支えて腕はフリーに……ということ。なにしろ，バイクはハンドルが自然に切れるから曲がれるし安定もする。その機能を100％活かし，かつ大きなフレは一瞬だけ抑えるため，そしてレバーとスロットルを操作するため，グリップに手を置く。

■コーナリング④

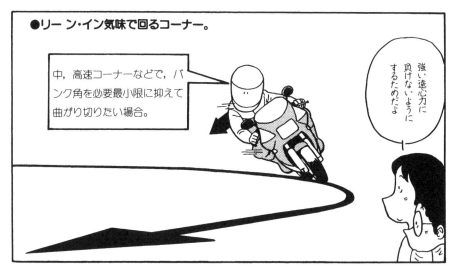

●リーン・イン気味で回るコーナー。

中，高速コーナーなどで，バンク角を必要最小限に抑えて曲がり切りたい場合。

強い遠心力に負けないようにするためだよ

　コーナリングフォームは，リーン・ウィズとリーン・イン，そしてリーン・アウトの3つに分けられるのだ……というように，一般には解説されてる。でもそんなこと，どーだっていい。気持ちはいつも基本フォームのままの，言ってみればリーン・ウィズ。これ1本でいいのだ。倒し込み方や荷重のかけ方で，結果的に他人から見れば，リーン・インかリーン・アウトのどちらか寄りであっても，関係ない。本人がバイクとの一体感を保っていて，下半身でコントロールし，腕がフリーで，どんな事態にも対応できる体全体の柔軟さがあれば，それでいい。

　とはいうものの，なのだ。この「リーン・ウィズを守れ」という意味を誤解し，意識して体を車体中心に置くことばかり考えていると，現実のコーナリングではかえって不自然になってしまう場面も多い。

　たとえば，中速以上のコーナー。中速とはいっても，コーナーの大きさと曲がるときの車速とのバランスなので表現が難しいけど，開けたワインディングを飛ばす感じと思ってくれ。そんなところでは，車体の中心に体を置いたままでは，思うように倒し込めないし，うんと深くネかさないと曲がれなくなる。

　そんな場面では，体をイン側にずらし気味にしての倒し込みをし，ネからもその形を保つ。つまりリーン・インの傾向だ。

　なぜコーナーでバイクをネかすかの，理屈を思い出そう。自然にハンドルを切れさせ，前後のタイヤに曲

●リーン・アウト気味で回るコーナー。

低速コーナーで，クルリと小さく曲がりこむコーナーの場合。

リーン・インで回ろう！などと無理天理考える必要はないんだよ

リーン・インがかっこいいと思ってるのに……

いずれも○○気味ということにとどめてリーン・ウィズからあまり変化しないのが基本だと覚えておこうね

オーバー・アクションはしない方がいいんでしょ！

がる力を生ませる——という目的にだけ従ってバンク角を定めたとする。ところが，こんな中速以上の，つまり曲率の小さいコーナーでは，それでは遠心力に対抗するだけの重心移動量が得られない。それを補うために，体をイン側に移動して，バイクとライダーの合成重心を大きく内側へ移すわけだ。

このとき，肩や頭からコーナーに飛び込む感じはダメ。動きの中心は腰だ。尻じゃないゾ。曲がる側の脇腹を張り出す感じで，上体をイン側に入れる。尻や肩はそれに従って，ついて行くだけなのだ。その動きを与える根本的なものは，そう，イン側ステップへの踏み込み。腕の力なんかで体を持って行こうとすると，肩から突っ込む形になってバイクとの一体感がなくな

るし，ハンドルに力が入ってフラつく。

まあ，よーく考えてもらうと，これもリーン・ウィズと力の入れ方などの感覚は同じはず。それが増長して，体が内側に動くだけのことだ。重心が下がる利点もあるし，現在のバイクはこのスタイルが合うように作られているもので，もう普通のものと考えていい。

ただ，Uターンなどの小旋回では，バイクを深く傾けたほうがトク。でも重心移動量はそんなにいらないので，リーン・アウトのフォームでバランスを取る。低速で切り返すときも，体の動きが少ないのでこのスタイルが有利だ。

つまり，必要な曲がる力を生ませる分だけ車体を傾け，重心移動量の補正をライダーの体でやる考え方だ。

■コーナリング⑤

●コーナリング中は，常に後輪にパワーをかける。

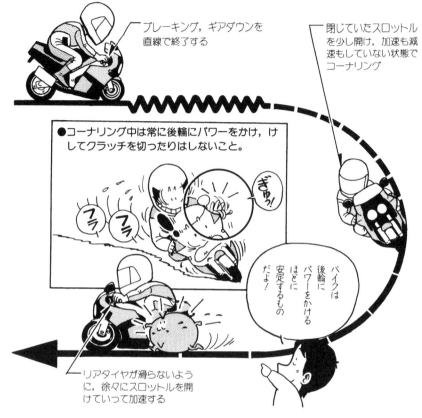

ブレーキング，ギアダウンを直線で終了する

閉じていたスロットルを少し開け，加速も減速もしていない状態でコーナリング

●コーナリング中は常に後輪にパワーをかけ，けしてクラッチを切ったりはしないこと。

ぎゅッ!

フラ フラ

バイクは後輪にパワーをかけるほどに安定するものだよ!

リアタイヤが滑らないように，徐々にスロットルを開けていって加速する

ブレーキのかけ方やバイクのネカせ方を，それぞれ個別に説明してきたけど，実際のコーナリングは，それらをすべて流れるようにこなす。なんてことは，言われるまでもなく分かってるんだろうけど，イザやってみると，ギクシャクしちゃうものだ。なぜ難しいかっていうと，ひとつには各種操作にスロットルワークをピタリと同調させなければならないから。もうひとつは，目の前の景色がどんどん変化するからだ。

そこで，まずはスロットルワークの話。

コーナーへのアプローチでは，スロットルは閉じているね。本格的に前後ブレーキを使っての制動をしないにしても，スロットルを閉じ気味にするのが普通だし，またそうあるべきだ。そして，目差す倒し込みポイントに来たら，イン側ステップにグッと荷重。バイクはこれで傾き始める。

スーッとネていって，目標のバンク角になる直前でイン側ステップへの荷重を抜くあたり。ここがポイントだ。そこでスロットルを開け始める。ここからすでに加速に移るのだ／　加速することで，バイクの傾いていく動きがスムーズに止まり，車体が安定する。そして曲がる力も，大きく発生する。バイクというものは，そういう具合にできている。

そうするためには，倒し込む直前までに，ブレーキングとシフトダウンを完全に済ませておかなくてはならない。そしてそこまでに，十分すぎるほどスピードを殺しておかないと，以後を加速しながらコーナリン

●バイクは人間の視線の方向に進むものだ。

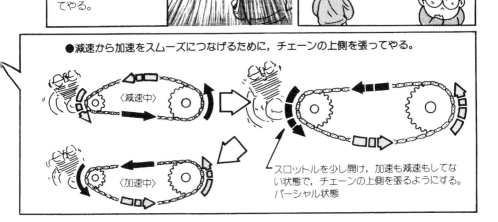

これから進む方向のできるだけ先を見て，バイクが進むに従ってそれを先へ先へと移動してやる。

おっ，イイオンナ！

人間って見ている方向へ進むもんですネ

●減速から加速をスムーズにつなげるために，チェーンの上側を張ってやる。

〈減速中〉

〈加速中〉

スロットルを少し開け，加速も減速もしてない状態で，チェーンの上側を張るようにする。パーシャル状態

グしていけないことになるのだ。

　オーバーペースでコーナーに飛び込み，スロットルをオフにしたまま曲がろうとするのは，とても危険だ。車体がネているので，もうひと息スピードを落とすなんてことが自在にはできないし，その状態からフロントタイヤがスリップすると，まあコケるだろう。スロットルオフで曲がるテクもなくはないけど，まずはオンで曲がるのを完全にマスターしてからだ。それに，十分にスピードを殺してから曲がると，落ちついて周囲を見ていけるから，各操作も適確にできるようになる。おまけにこの走り方は，本当に速いのだ。

　なお，加速するとはいっても，いきなりドンッとスロットルをひねってはダメ。フラつきやスリップの元

だ。ジワリとやる。そうして，ドライブ・チェーンの上側が張られてはいるが，加速力は与えていない状態（パーシャルと呼ぶ）を体で確認。それから，少しずつでもいいから，スロットルをオンの方向にのみ回す。

　また，加速とはいっても，それは必ずしもスピードを上げるほどである必要はない。後輪に駆動力がかかっていればいいのだ。アセることはないよ！

　そして視線の話。あちこち横見してたら，必要以上にスピード感があって怖いし，バイクも不安定になる。これから進んで行くべき方向の全体の景色を"視野"には入れつつ，走るべき走行ライン上をなめるように，そして先へ先へと"視線"は絞って送ってやる。このニュアンス，分かってほしいな。

■Uターン

●車体を深くネカせ，リーン・アウトのフォームでバランスをとろう。

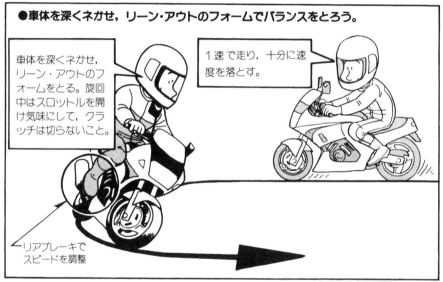

車体を深くネカせ，リーン・アウトのフォームをとる。旋回中はスロットルを開け気味にして，クラッチは切らないこと。

1速で走り，十分に速度を落とす。

リアブレーキでスピードを調整

　コーナリングというのは，バイクに乗る上での最高の楽しみと言ってもいいくらいのもの。また一方で，一番難しいことかもしれないね。そいつを1日やそこらで完全にマスターできるはずなどないのだ。でも，説明してきたテクニックは，まず最初にやらなければならないごく基本項目であると同時に，究極のテクでもある。いつ，どこでも，完璧に，一瞬のムダもなく基本をこなせたなら，キミはグランプリライダーにだって負けない華麗な走りになってるはずだ。

　で，そいつをマスターするには，どんなにゆっくり走るときでも，下半身での確実な車体のホールドと荷重移動，そして適確なスロットルワークを，常に心がけていることだ。朝一番にスタートするときのスロットルのひねり方から，家に帰り着く寸前の最後の交差点を曲がる倒し込みまで，常にである！ すべての瞬間を意識して行動し，"うまく""ていねいに"走ってみよう。1ヶ月もたつと，キミの走りはガラリと変わるゾ。

　その考え方は，ちょっとUターン，なんてときにも守り通さなければならない。意識の持ち方次第で，これもリッパなコーナリングの練習になる。スイッと回れれば，カッコイイのはもちろんだしね。

　そんなわけで，Uターンのテクとはいっても，本質的にはコーナリングのそれとは何も変わらない。「高速コーナーは得意なんだけども……」なんて言うヤツは，基本的なところで間違った乗り方をしているからだ。

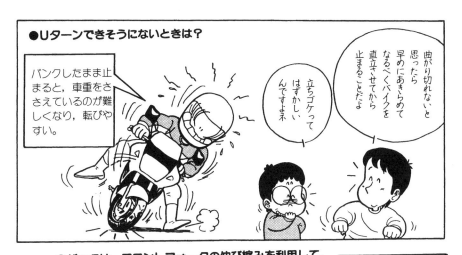

●Uターンできそうにないときは？

バンクしたまま止まると，車重をささえているのが難しくなり，転びやすい。

立ちゴケってはずかしいんですよね

曲がり切れないと思ったら，早めにあきらめてなるべくバイクを直立させてから止まることだよ

●バックは，フロントフォークの伸び縮みを利用して。

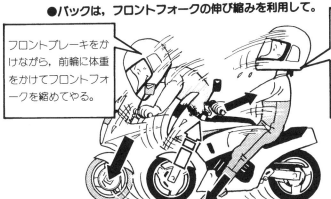

フロントブレーキをかけながら，前輪に体重をかけてフロントフォークを縮めてやる。

フロントフォークが伸びるのにあわせてブレーキをはなし，路面を足でけり出しながらハンドルを後方に引いてバックさせる。

スピードが遅いので，バイクに勢いがない分，適確なコントロールをしてないとギクシャクしやすい。

また逆に，スピードが遅いので，ハンドルをコジったり車体をネジ伏せたりといった，力での強引な操作をしてもなんとか曲がれるし，足をベタベタついて支えることもできる。けれども，それをやってちゃ，いつまでたってもうまくはなれない。

まずは，足をつけば支えられる，という考えを捨ててしまえ。Uターンであっても，ステップに載せた足でバイクをコントロールするのだ。

実際の走法。直進してきたら，道端一杯にバイクを寄せつつ，十分に減速して，1速ギアまでシフトダウンする。次に，ブレーキを放して，車体をスッとネか

せる。リーン・ウィズの気持ちは守りながらも，リーン・アウト気味にして車体を深くねかせたほうが，この場合は有効。そのままだと，ベタッと転んでしまいそうになるが，体の力では支えない。フルバンクする前に，スロットルを開けることで，バランスさせる。ここでも，パワーで曲がる感じだね。スピードの出すぎはリアブレーキで調整し，スロットルは戻さない。ハンドルを切る場合も多いけど，それはバイクがすでに自然に作ってくれる舵角に対して，"手助け"するつもりで少し切り増してやる感覚だ。

イン側の足を地面について曲がってもいい。けれどそれは，一瞬ポンッとついてタイミングを取る目的にすべき。スキーでストックをつくのと同じですゾ。

53

■起こす, スタンドをかける

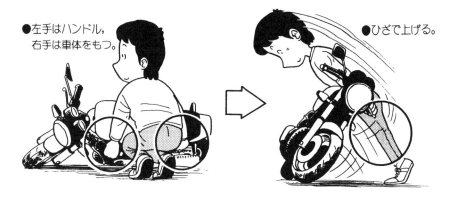

●左手はハンドル, 右手は車体をもつ。

●ひざで上げる。

●ハンドルを上側いっぱいに切って, 両手でもち上げると上がりやすい。

●腰で上げようとしても無理がある。

　バイクは100kgとか200kgとかの重いもの。さらにそこへスピードというものが加わるのだから, こいつは人間の体力だけで思うように向きを変えたり, 止まったりできるわけがない。それを, 無意識になんだろうけども, 力で操れると錯覚するところから, 走りが乱れていく。とりあえずはちょっと速く走れても, そこにはさらに速くとか, うまくとかの可能性はないし, いずれケガをするだけだ。たかがUターンだって, 力で曲がるんではなしに, 体重の移動とスロットルワークでやるんだってことが, 分かってくれたかな？

　じゃあ, エンジンが止まった状態とか, キミがバイクにまたがっていないときはどうか。それはもう, 本来のバイクの姿ではない。人間がまたがって, エン

ジンのパワーがあって, 初めて乗り物になるのだから。

　とはいえ, なのだ。ここでもやはり, テクニックなんですなあ。

　たとえば転倒とか, スタンドが外れたとかで, 愛車があわれ横倒しになっちゃったとき。カッコ悪いよな, こういうのって。そこでヘッピリ腰でバイク引っ張り回そうとして, なかなか起こせなかったら, もっとカッコ悪い。なにしろ, エンジンのパワーにまったく頼らずに, 人間2〜4人分の重さのカタマリを引き起こそうってのだから, 力だけではまあ無理。でも, そこをテクでスッと起こせれば, 少しはカッコ悪さもカバーできるってものだ。

　その方法には基本的にふた通りあるが, どちらもと

もに、ハンドルを一杯に切ってロック状態にするのがポイント。ハンドルがグラグラ動かないようにして、グリップ部を安定した〝取っ手〟にするわけだ。

また、もうひとつのポイントとして、腰をなるべく車体に近付けることが大切。尻じゃなくて、ベルトをするあたりの腰だゾ。ここが車体から離れてしまうといわゆるヘッピリ腰で、ブサイクになる。そして思うように力が入らず、体は不安定だし、ヘタをするとギックリ腰になってしまう。

さて、まず第1の引き起こし方。倒れたバイクの、ごく近くにしゃがむ。ハンドルを倒れている側、つまり下側に一杯に切る。片手でグリップを握り、もう一方の手で車体後部のフレームなどを握る。そして上半

身はほとんど前傾させずに、また両腕は伸ばした形で、引き起こしに入る。

腕力や背筋力で上げるのではないのだ。ヒザのバネというか、脚力で上げる。バイクが起き上がるのに合わせて、腰をグーッと車体に寄せ、タイヤ接地点を支点に腰でコジリ上げる感じ。

もうひとつの方法の、ハンドルを上側に切って両手でグリップを持つ形でも、腰で起こすという感覚は同じだ。そして、バイクを押し歩くときも同じ。最小限の力を有効に使うのがテクニックというものだ。メインスタンドひとつかけるにしても、そういう方向で常に頭を回転させる心がけをしていないと、バイクの機能を活かしたライディングはできないよ。

§3 さあ走り出そう

ともかく走り出さないことにはライディング
は楽しめない。周りにだれもいない私有地な
どで走る分には，逆立ちして走ろうが目をつ
ぶって走ろうがカラスの勝手だけど，これが
公道となると話はチト複雑になる。何せ人が
たくさんいるんだ。路面が常に清掃されてい
るわけでもない。時には自分をコントロール
する自制心も必要だ。キビシイね。でも，み
んなそうしながらバイクライフを過ごしてい
るんだ。もちろん楽しみながらね！　（村井）

■市街地走行①

●制限速度にとらわれない。

●車の流れにのる。

車の流れを乱すことが一番危険なんだよ

　いつブレーキをかけ，どこでスロットルを開け，ど
のくらいスピードを出して……といったことは，ひと
たび走り出してしまえば，すべてキミひとりの判断で
決めなくてはならない。走りながら，さてどうしまし
ょうか，なんて誰かに相談するわけにはいかないのだ。
自分の意志で決められるということは，キミが王様で
ある。それだけの権限があるのと同時に，責任もある。
　重要なのは，王様はキミだけではないということ。
サーキットをひとりで専有走行するのでない限り，ま
わりには他のバイクやクルマが必ずいるか，出現して
くる可能性がある。それらを運転する人々は，みんなが，
そのバイクやクルマの王様なのだ。
　よその国と戦争ばかりしていたら，その国は滅びる。

一方で，他国に調子を合わせることばかりに夢中にな
っていると，結局それは本当に他国と仲良くやってい
けない現実になり，自国の独立もなくなる。また，他
国の動向に無関心な"我が道を行く"スタイルも，その
国の存続を不可能にするはずである。
　まあ，これが世の中というものであり，人間社会な
のだ。公道を走り，キミがいやおうなしに交通の流れ
の一員となるときにも，まったく同じことが言える。
とくに市街地では，そうした他国（車）とのやりとりが，
難しくなる。
　さて，そこで。
　交通規則を守って流れに乗る走り方が安全なのであ
ります，なんてよく言う。もちろんウソではない。と

●道路のまん中を堂々と走り，車一台分のスペースを確保しよう。

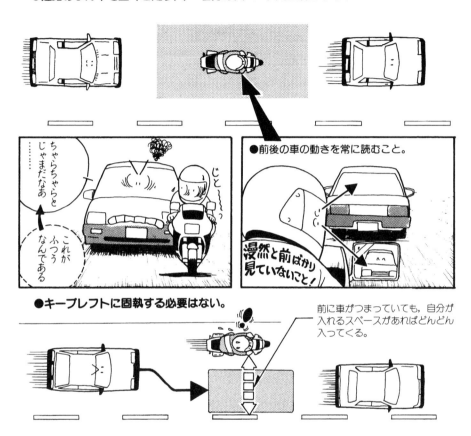

ちゃらちゃらと
じゃまだなあ
……

これが
ふつう
なんで
ある

じとー…っ

●前後の車の動きを常に読むこと。

漫然と前ばかり
見ていないにと！

●キープレフトに固執する必要はない。

前に車がつまっていても，自分が
入れるスペースがあればどんどん
入ってくる。

ころが，その言葉の端っこのひとつひとつを，単語的
にとらえて実行しようとすると，少しもスムーズに走
れない。とくに問題なのが，〝流れに乗る〟という部分
だ。違法ではないのだからと，勝手にやたら遅いスピ
ードでトロトロ走ったり，逆に全開でブッ飛んでいく
のが流れに乗ってないことは，誰にでも分かる。が，
そんなことはいけませんよ，だけでは，説明できるも
のではない。

それなりのスピード数値を守ればいい，というもの
ではないのだ。まわりにスピードを合わせようとして
も，それはギクシャクした走りになりやすく，だいた
い神経が疲れてしまい，そこからミスも出る。視点と
いうか，思考の構造を変えてみるといい。〝流れに乗る〟

というのは，河の中に突っ立っていることでも逆向き
に泳ぐことでもないのと同時に，けして〝流される〟こ
とでもないのである。

種々雑多なペースや動きのバイク，クルマたちが，
混然と流れていくのが交通の流れという河なのだ。そ
れを上空から眺めるような調子で把握し，その混然の
中に，キミだけの，キミ自身の通り道を見つける，あ
るいは作っていく。集団の中にいながら，そこに埋も
れることも飛び出すこともなく，〝個〟を確立する。

ちょっと話がカタくなったけど，そんな意識構造を
持ってほしい。それなくして，常に変化する，そして
ひとつずつが違うパターンを持つ市街地走行での出来
事をこなしていくのは，不可能なのだから。

■市街地走行②

● 車の流れにのって走っていても……。

他の車を信用しないこと

かあのじょおっ!

きゅきゅっ!

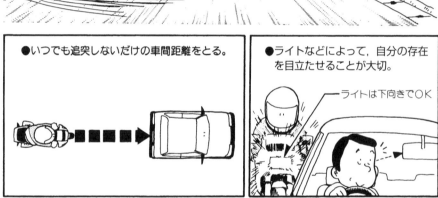

● いつでも追突しないだけの車間距離をとる。

● ライトなどによって，自分の存在を目立たせることが大切。

ライトは下向きでOK

　具体的な考え方の第一歩としては，とにかくまわりにいる連中の，すべてが敵だと思うことだ。その敵だらけの中を，キミはひとりで泳ぎ切るというわけ。キミをねらって殺しにくるはずはないし，相手と戦争しろという意味でもないけど，そのくらいの気持ちで，絶対に他人を信用するな！　みんなが気狂いだと思ってればいい。実際，街を1日走れば，そんなヤツにひとりくらいは出合う。その相手は，たいていの場合はその一瞬だけ，そしてキミにとって気狂いだったにすぎないのだろうが，その一瞬で愛車や体はジャンクになってしまう。まあ，キミ自身も，いつか誰かに対して気狂いになっているかもしれないけれど。

　この考え方を，すべてに活かしていくのが市街地走行なのだ。たとえば，直進しているときに前のクルマが，ウインカーも出さずに急に曲がったり，ブレーキをいきなりかけたりするかもしれない。それをいつも心配していたのでは，とても市街地など走れないのだが，もしそうなっても，それなりに対処できるだけの気構えと身構えはしておく。万一ぶつかっても，最低限のケガで済む体勢だ。そう，そのくらいの覚悟。

　つまり，割り込まれない程度に車間距離を保ち，左右どちらかに逃げられるような位置に自分を置く。ブレーキは，常に即座にかけられるように，レバーには指を1本か2本かけておき，ペダルも踏めるようにしておく。

　そして，ヤバいクルマや人間には，最初から近付か

定期バス

ダンプカー

送迎バス

幼稚園

TAXI

タクシー

初心者マークの車

フラフラする自転車や歩行者

自分の身は自分で守ることですね

他人が自分を気づかって走ってくれているとは，けして思わないことだ。

●フラフラ走っているスクーターや自転車を追い越す時は，なるべく距離をあけて追い越すこと。

ないことだ。どんなのがヤバいかってのは，経験を重ねていくと直感的に分かるようになるんだね，これが。なんとなく，テールランプのあたりに漂うのだ。運転がヘタだとか，道を捜しながら走ってるとか，カッコつけたい下品なヤツとか，やたら急いでるとか，などなど。そこまで勘で分からなくても，前のクルマのリアウィンドゥごしに運転手の様子を見るといい。キョロキョロとまわりを見てるのとか，アゴを突き出してハンドルをかかえ込んでるオバサンとか，いきがったアンチャン風とか——分かるよね。そう，クルマ自体よりも，運転してる人間を見てみるといい。もっとも，そればかり見ていてはダメ。それも視界には入れながら，"視線"は走るべき方向の先々へ，というのは，前

にも説明したと思う。

　車種別に要注意のものを上げれば，このようなクルマとか自転車，買い物に出かけるスクーター連中などがそれだ。とくにタクシーは，客を拾いにすぐ左へ寄る。自転車やスクーターも，オーバーに避けるべし。

　相手の様子をうかがう一方で，キミの存在を相手によく知らせるのも忘れないように。そこにいることが分かれば，わざわざキミにぶつかってくるはずもないのだ。そのために，昼間でもヘッドライトは点灯しておくのは，今や常識。確認されにくく，またクルマとは動き方も走る位置も違うバイクは，こうでもしないと無視されがち。ドライバー諸氏には，バイクの運転経験がない人だって多いのだから。

■市街地走行③

●車の死角に入らない。

バックミラーにドライバーの顔が映る位置にいる。

●車の死角に入らない範囲内で，斜め後方を走ろう。

視界がいいし急ブレーキでも左右に逃げられる

●数台前の車の動きを読む。

あ，ブレーキ踏んだ…

ブレーキの準備

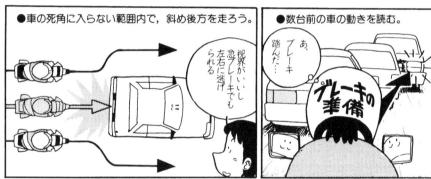

　まわりに注意を払いながら，自分の存在を相手に知らせる。これが，市街地に限らず，他車といっしょに走るときに守らなけりゃならない大原則なんだね。それは，クルマの後ろにつくときの位置を考える上でも，とても大切になってくる。ひとことで言えば，前のクルマのバックミラーに，そのクルマの運転手の目が映って見える位置にいろ！　となる。

　なぜか。バックミラーを通じて相手の目が見えれば，相手がどんな顔をしてるか，だいたい分かるだろう。男か女かはもちろん判別できるわけだが，「こりゃなかなか，かわいい女の子だなぁ」などと楽しむのが目的ではないゾ。人を顔や服装で決めつけてはいけないとはいうものの，こいつはちとヤバそうだ，てのは，

顔つき目つきに出る。ヤバそうなのは，すべて危険人物と決めつけてしまうのが，この場合は正しい。そして，相手がどういう目配りをしているかを見取って，どんなタイプのドライバーかを知る。道を捜しながら走っているかどうかも，これで分かる。また，そのドライバーの視線が，時々キミに向けられているかどうかで，キミの存在を知りつつ走っているかどうかの判断もできるってわけだ。

　一方で，ミラーを通して相手の目が常に見えるということは，相手からもキミが見えていることでもあるのであって，ここが重要なところ。クルマの真後ろにつくのは，とっさの場合に前車を避けられないのでウマくないけど，だからといってヘタに斜め後ろにつく

●自分の進む方向を早めに知らせること。

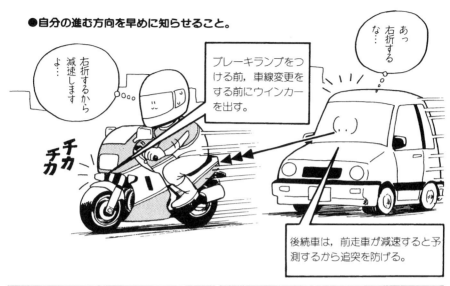

右折するから減速しますよ…。

ブレーキランプをつける前，車線変更をする前にウインカーを出す。

あっ右折するな…。

後続車は，前走車が減速すると予測するから追突を防げる。

●ウインカーをつけるのが遅れると…。

ぎゅっ!

なんだこいっ!

ぎゃいっ!

●他人が予側できないような急なライディングはしない。

ひゅん!!

と，相手の目が見えない位置に入ってしまう。いわゆる死角というもの。白バイが追尾するときにつける位置だけど，ここはとても危険だから，絶対に避ける。
　すぐ前のクルマの話ばかりしてきたが，それだけに注意を払っているようでは，市街地なんか走れない。前車のウィンドゥごしに，あるいは横から，せめて３台くらい前までのクルマの動きは，視界に入れておきたい。そんな前方のクルマにどんなドライバーが乗っているかまでは，経験の浅いキミには分かりにくいかもしれないが，ブレーキとウインカーのランプの片側くらいは見ていられるだろう。もちろん，直前のクルマのも視界に入れる，それができる位置にいるようにするのは，当然だ。

　そうした相手を見る気配りの一方で，自分がどう動こうとしているのかを相手にハッキリと，早めに知らせる努力も，常に心がける。すべては相手のためなんかではなく，キミ自身の身を守るためにと考えて，ルールやマナーを守ればいい。みんながそうすれば，結局は互いが安全に走れることになる。具体的に言えば，たとえば進路変更や減速の意志は，決められているからやっておくのではなく，他者にそれが伝わるようにウインカーやブレーキのランプを点灯させ，さらに意志が相手に通じたかどうかを確認するくらいがベター。
　交通というのは，見ず知らずの人間たちが行きかいながら，こうやって互いにコミュニケーションをしているものなんだね。

■交差点①

●交差点には危険がいっぱい。

いったん入ったら
素早く出るよう心
がける。

いつでも止まれる
気構えで入る。

危険がいっぱい！

●相手の目を見て，自分を確認しているか予測する。

目の前で
曲がり
そうだな…

とりあえず
こう考えた方が
いい

チカ
チカ

　ハッキリ言って，絶対安全なところなど，公道にはどこにもない。一直線に伸びていく郊外の国道やガラすきの高速道路だって，いつ何が起こるか分からないと思え。そのくらいの気構えでいるべきだ。そんなに気を遣って走るなんて面倒だ，と思うくらいなら，家で寝てなさい。そんなキミは，バイクにもクルマにも，そして自転車にすら乗る資格はない。自分がケガをするのは勝手だが，それによって多くの人にかかる迷惑や，他人をケガさせたり殺したりへの償いは，いくらお金を払ったってできるものではないのだ。

　そんなに危険な公道の中でも，これまた特別にヤバいところが，他の道と合流する場所だ。Ｙ字路，Ｔ字路，十字路といった交差点だ。なにしろ，別々の向き

の流れが交差したり，いっしょになろうというのだから，これはもう大変だ。狭い裏道の見通しの悪い交差点なんて，誰だってそのヤバさが分かるはず。減速もせずに横から突っ込んでくるクルマはよくいるし，自転車に乗ってる連中や遊びに夢中な子供などは，まず一時停止して安全確認なんかしないほうが多い。ここでも，最初から相手（いるかいないか分からないかもしれないが）を疑ってかかるべきだ。たとえキミのほうが優先道路だとしても，痛いめに遭うのは自分。それに相手が人間や自転車だと，不利になる可能性大だ。

　こんなことはまあ，今さら説明されるまでもないだろうけど，慣れてくると忘れちゃうんだよね。とくに免許を取ってから３ヶ月め，１年めあたりは要注意だ

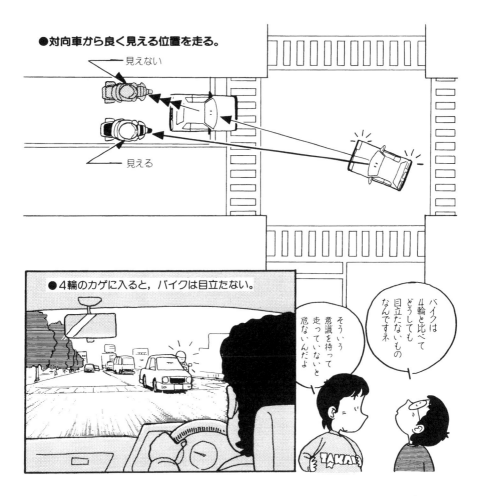

●対向車から良く見える位置を走る。

見えない

見える

●4輪のカゲに入ると，バイクは目立たない。

バイクは4輪と比べてどうしても目立たないものなんですね

そういう意識を持って走っていないと危ないんだよ

ゾ。一発事故をやってしまってから，キモに命じたって遅いのだ。

さて，これがちゃんと信号機のある交差点だと，どうなるか。ここなら，まあいいや，という気持ちになる。ところがどっこい。危険性の要素は何も変わらないと思ってれば間違いない。いや，かえって信号があるからと，ブッ飛んでくるヤツがいるから，よけいに危ないときだってある。信号の変わりめなどいい例だ。

もちろん，青信号なのに大きく減速したり，ましてや一時停止などしていたら，ドヤされるか追突されてしまう。けれども，神経は前後左右の全方位に，フルに注がなければならない。対向車線のクルマについては，右折しようと待機中のものはもちろん，キミと同

時くらいに交差点に進入しようとするのも含めて，フロントウィンドゥごしにドライバーの表情をよく見る。キミのことを確認してくれてるか？　強引に曲がるつもりかどうか？　などをそこから探る。直進するバイクと右折するクルマの事故は，すごく多いのだ。

だいたいクルマしか転がさない人間には，バイクは発見しにくいものだ。走ってる位置も動きも，クルマとはまるで違う。そして，対向車線を近づいてくるバイクの速度も，彼らには読みにくい。これは彼らが悪いのではなく，経験がないからしかたないこと。クルマには，斜め前方にも死角があるのも知っておけ。

異質の乗り物が，しかたなしに同じ場所を走っているのだ。これは，常に意識していなければならない。

■交差点②

●信号待ちでは車の列の先頭に出よう。

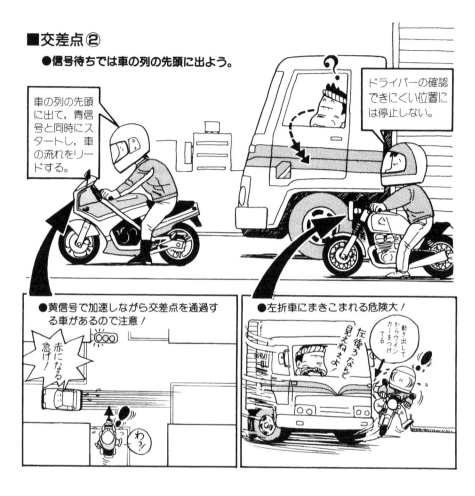

車の列の先頭に出て，青信号と同時にスタートし，車の流れをリードする。

ドライバーの確認できにくい位置には停止しない。

●黄信号で加速しながら交差点を通過する車があるので注意！

赤になる急げ！

わっ?!

●左折車にまきこまれる危険大！

左折するなんて見えねえよ

動き出してからウインカーをつけてる

　交差点を突っ切るときの注意の次は，赤信号で止まるときのポイントだ。「え？ 止まるのにも気遣いするのかな」と思うかもしれないが，ここで走り出すときの準備をしておかないと，危険回避ができない。

　市街地でよく見かけるのが，信号で停止しているクルマの列のわきをパスして，先頭まで出てしまうタイプ。法的には割り込みの一種であり，あまり良いことではないかもしれないが，現実的には利点が多い。バイクならではの機動性が活かせて，目的地に早く着けるのもそのひとつ。が，それ以上に，本来が異質の乗り物であるバイクなのだから，クルマたちとはなるべくなら離れて走るのが安全なのだ。ここで先頭まで出て素早くスタートすれば，比較的にではあるが，そん

な状況を作りやすい。都市部に増えた２段停止線も，そうするためのものであるはずだ。

　では，というわけでクルマの横をすり抜け，先頭のクルマの真横にならんで停止というのは，とくに危険なパターン。ドライバーのほうは，まさかそんなところに，あとからバイクが来てるなんて思わない。そこまでは考えないほうが自然だ。そして，そのクルマは，きれいに真っ直ぐ発進していくとは限らず，途中から右左折をすることに変更するかも。トラックやバスなど背の高いクルマの，それも左側などは，赤マルものの要注意だ。

　そこで，先頭のクルマの運転席の，さらに前までヌッとばかりバイクを進める。停止線を越えてしまう場

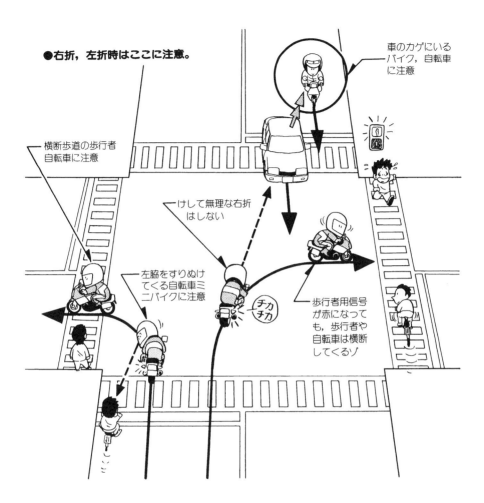

●右折，左折時はここに注意。

車のカゲにいる
バイク，自転車
に注意

横断歩道の歩行者
自転車に注意

けして無理な右折
はしない

左脇をすりぬけ
てくる自転車ミ
ニバイクに注意

チカ
チカ

歩行者用信号
が赤になって
も，歩行者や
自転車は横断
してくるゾ

合など完全に違法だけど，身の安全のためにはしかた
がない。そうやって，「オレがここにいるゾ」というの
を相手に知らせる。クルマがウインカーを点滅中であ
り，その曲がる側へ出てしまったときは，必ず実行す
べきだ。

　こうして割り込んでしまったのだから，クルマのド
ライバーがどんな気持ちになるかは，分かるだろう。
バイクだから当然だと思うとしたら，そういうライダ
ーに限って，自分がドライバーとなったときに，バイ
クにいやがらせをするんだろうなぁ。

　それはともかく，割り込まれた相手が，自然にスタ
ートしても，キミがいることによる不都合がないよう
にせねば。つまり，バイクならではの加速力を活かし

て，信号が青になったらすぐにスパッとダッシュする
ことだ。もっとも，横から信号無視でスッ飛んでくる
ヤツもいるので，注意は必要だけど。

　これだけの気遣いと行動をする自信がなければ，お
となしくクルマの列にならんで待て！　途中まで前に
出て，両側をクルマに挟まれて発進なんてのも，とて
も危ないものだ。

　なお，右左折時に危険が多いのは当然で，そのポイ
ントは上図のとおり。右折はとくに，慌てずにジッと
ガマンの気持ちが大切。右折するクルマを盾に使っ
て，内側をいっしょに曲がってしまうテクもある。こ
んなところで，コーナリングのパフォーマンスを演じ
ようなんて，まさかキミは思わないだろうね？

■交差点③

●すり抜けは危険がいっぱいだから最徐行！

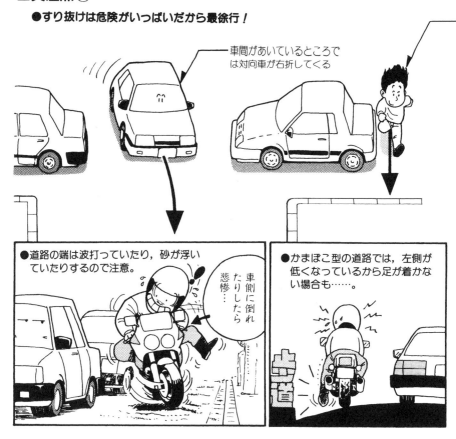

車間があいているところでは対向車が右折してくる

●道路の端は波打っていたり，砂が浮いていたりするので注意。

車側に倒れたりしたら悲惨…

●かまぼこ型の道路では，左側が低くなっているから足が着かない場合も……。

歩道

　バイクは，クルマの列の横をすり抜けていくとき，そうしたいときが多い。これはなにも，信号機の手前とは限らない。渋滞してるときは，どこでもだな。そして多くは，道の左端の路肩付近となる。ところがそこは，場合によっては交差点の中よりも危険が一杯のデインジャーゾーンなのだ。最近では２輪車専用レーンなんてのも多くなったが，ここも実質では，路肩と変わらないくらい危ない。

　まず，クルマの列が完全に止まっている場合。これはもう，交通の流れがすべてストップしていると思うのが，常識的な判断。その横をバイクがビュンビュン走ってくるなんて，誰も思わないよな。少なくともバイクに乗ってない人間なら，それは当然だ。

　で，道を横断しようとする歩行者は，クルマの間をスタスタと歩いてくる。ワキ道への右左折車も，なんのためらいもなく，スッと入る。渋滞でいやになっちゃったドライバーは，えーい，ドライブインでメシを食うゾ，てなもんだ。おまけに助手席に座ってる人とかにはまるでクルマ社会を知らない人間が多くて，ちょっと子供がオシッコだから，なんて具合いで左側のドアをバンと開けることが，これ，多いんだよ！　それほどひどくはないが，タクシーも客が手を上げたら，なにせ商売だから，その可能性ありだ。

　てなわけで，クルマに乗ってる人間たちについてはそれなりの気配りができるときもあるが，それも列にならんでいる連中だけだ。そんなところを，60㎞/hと

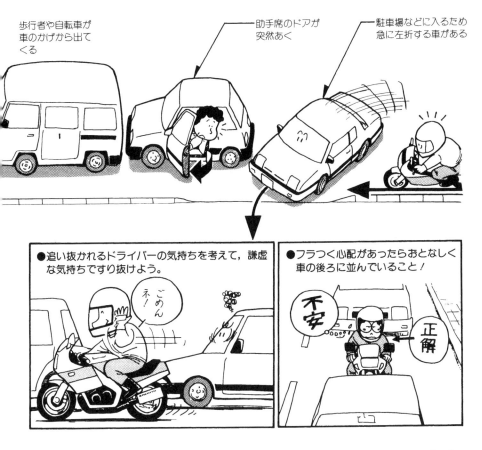

歩行者や自転車が
車のかげから出て
くる

助手席のドアが
突然あく

駐車場などに入るため
急に左折する車がある

●追い抜かれるドライバーの気持ちを考えて，謙虚
な気持ちですり抜けよう。

ごめんネ！

●フラつく心配があったらおとなしく
車の後ろに並んでいること！

不安

正解

かのスピードでビュンッと走っていくライダーたちも
いるが，彼らはたまたま運良く生きてるだけだ。ゆっ
くりと走り，いつでもフルブレーキの体勢は不可欠。
おまけに，路肩付近というのは，走行するクルマたち
によって寄せられた，砂やドロやゴミのはきだめで，
スリップしやすい。路面が傾いてることも多い。こん
なところを飛ばしてたら，長生きできない。
　クルマの列がゆっくりとでも動いているときは，も
っと危ない面もある。確かに歩行者や右折車，横断車の
可能性は低いけれども，列のクルマは急に進路を変え
られる体勢なのだ。交差点付近では誰でもそういう注
意をすべきだってのが分かるが，別の場所での事故も
多い。道端にガソリンスタンドやドライブインなど，

クルマが出入りする施設があるところでは，すべての
ドライバーを信じないことだ。ヘッドライトの点灯は，
絶対に行うべシ。まあ，クルマの列が動いているなら，
本当はそれに従って走ることを勧める。目的地に着く
時間は，それでもあまり変わらないことでもあるし。
　なお，クルマ相手のことばかり述べてきたが，バイ
ク同士のことも忘れてはいけない。量の増加は質の低
下ということもあるが，本質的にバイク乗りは自己中
心，王様気分のタイプが多い。クルマの列の間をぬ
って，ピョコッと目の前へ出てくるのが多くいる。そ
ういうのに気を配る。それと同時に，キミ自身も前後
にならんだクルマの間を抜け出るときは，他のカッ飛
びバイクに注意だ。

■追い越し

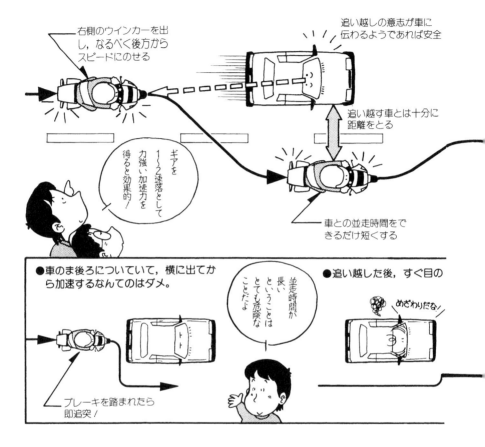

右側のウインカーを出し，なるべく後方からスピードにのせる

追い越しの意志が車に伝わるようであれば安全

追い越す車とは十分に距離をとる

ギアを1〜2速落として力強い加速力を得ると効果的！

車との並走時間をできるだけ短くする

●車のま後ろについていて，横に出てから加速するなんてのはダメ。

ブレーキを踏まれたら即追突！

並走時間が長い，ということはとても危険なことだよ

●追い越した後，すぐ目の

めざわりだな！

交通の流れに乗るのは，流されることじゃない。まわりの流れを乱さずに自分のペースをコンスタントに保つことだ。そのためには，追い越しをしたほうが適切な場合も出てくる。ただし，そこで持つべき考え方は，キミに追い越される側のクルマなりバイクなりの運転者も，彼らなりのペースを保っているのだ，ということ。遅くて邪魔な "悪者" ではない。速い側のキミもやはり，彼らより悪くも良くもない。単にペースが違うだけなのである。そこに追い越し行為が発生するときに，当事者の相手方や第三者をその意志に反してペースを乱さなければならないようにさせてしまう者こそが悪者なんである。

他車がすべて自然に走り続ける中で，キミも自然に

スッと抜いていく。これが，相手への思いやりであると同時に，キミにとっても安全な，うまい追い越し。ここでも自他ともに，流れを乱してはダメなわけ。

そのために必要なのは，状況把握，決断，加速力の3つだ。

まずは状況把握。前車のスピードと，キミのバイクが持つ加速性能から，追い越しに要する距離を予測する。そして，追い越しを完全に終えるまでの間に，危険な道路状況や他車の動きに出合わないと確信できるのでなければ，行動を開始してはならない。この，前後左右へ神経を配っての状況把握は，徹底して入念にやる。注意をしすぎるということはない。

具体的なチェックポイントの例を上げてみよう。見

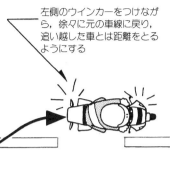

左側のウインカーをつけなが
ら，徐々に元の車線に戻り，
追い越した車とは距離をとる
ようにする

● **ブラインドコーナー**など，先の見えない場所での追い越しは自殺行為。

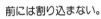

前には割り込まない。

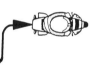

● **追い越そうとした車が，急に右折しようとしたりするから注意！**

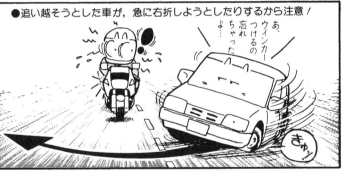

あ，ウインカーつけるの忘れちゃった♪

きゅっ！

通しの悪いコーナーの手前は，当然不可。少しくらいコーナーまでの距離があっても，高速でスッ飛んでくる対向車がいるかもしれないから，十分な余裕があること。登り坂の頂上付近も含め，対向車の様子がよくわからないところは，すべて㊙だ。それに，どんな小さなワキ道であっても，異種の流れが入ってくる可能性があるところは避ける。砂が浮いていたりなど，路面が不安定かどうかも確認すべし。

追い越す相手の様子も見分けること。トレーラーなどは，いざ横に出てみると予想以上に長かったりもするものだ。前の運転者がバックミラーなどまるで見ていないなどの不安人物だったり，自転車や買い物スクーターのときは，十分すぎるほどの間隔を保ってパス

できるスペースを考える。また，前車が複数でビッチリとくっ付いて走っているなら，どのクルマの前に入るか，入れるかを，あらかじめ計算しておく。原則としては，1度に1台だけを抜くべきだ。

などなど，状況把握をバッチリとやったなら，計算したタイミングで一気に実行する。追い越しながらあれこれ迷うのは，よけいに危ない。決断力だ。

そして，右側車線に出ている時間を，極力短く。それには，左側車線にいるうちに，効果的なシフトダウンとスロットル操作で，車速を乗せる。右側車線に出てから，もしスムーズに追い越せないかな？　と不安になったら，即座にブレーキをかけて，元の位置に収まる。なお，普通の流れでの左側抜けは自殺行為。

■ワインディングロード①
●ついついオーバーペースになりがちな，ワインディングロード。

ワインディングロードはライダーにとってホントに楽しいところだけど……

事故を起こしちゃあネェ……

●タイヤのスリップを誘発する要因は，いくらでもある。

常に路面の変化を読むこと

いつもの調子でコーナリングしていても突然路面が滑り易くなっていることだってあるんだから

コワイネ

ダンプカーが遠心力で砂をまきちらして行く

オイルが流れている

路面が荒れている

　ワインディングロードが大好きな，あるいはそこを華麗に走る日を夢見ている，そんなキミにひとこと言っておく。ワインディングも，市街地と同じ心配りが必要な，ただの公道である，と。

　初めてバイクに乗った日には，交差点を曲がるにもUターンするにも，オッカナビックリの緊張感がある。が，慣れるに従って，コーナリングこそバイクの楽しみだ！　となる。目の前に曲がりくねった道が続いていて，信号なんかもない情景が開ければ，胸がワクワクしてくる……。それはライダーならば，ごく自然で普通なこととも言えるだろう。

　ところが，ワインディングの入口にさしかかったとたんに，ここからは特別なエリアだ，スポーツゾーン

だ，ライダーたちだけのためのウデを磨くところだ，などと思ってしまう。これが困る。多くの場合，本人がそれと意識せずに，すっかり頭の構造が切り替わってしまうから，なおのこと困るのである。

　バイクも通るが，クルマも通る。自転車や歩行者だっている。そして，その過半数の人々にとって，そこはどこかの目的地へ行くために通過する，ただの道でしかない。その同じ道を，キミも共有しているにすぎないのだ。キミがそこをウデを磨くために走るのは勝手だが，やはりここでも〝流れを乱す〟ような行為をすれば，とくにバイクの場合，痛いめに遭うのはまずキミ自身である。当然のことのようでいて，走り始めるとつい熱くなって，忘れてしまうようだ。そんな場

●自分は安全運転をしていても，他車が引き起こす危険も多い。

●突然の危険を回避できる余裕を，常に持とう。

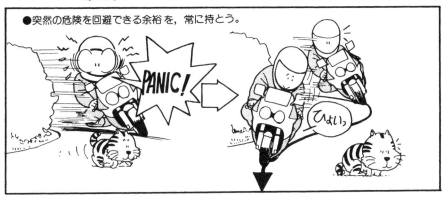

所をクルージングペースで走っているとき，センターライン・オーバーでカッ飛んでくるバイクがいてパッシングをすると，逆に睨み返すようなヤツも増えている。キミには絶対に，そんなライダーになってほしくない。いずれ，死ぬゾ！

　他車もいれば，一方通行でもない。それに，数個のコーナーを行ったり来たりしてパフォーマンスしちゃっているライダーも多いけど，スポーツライディングというのは，そんなにセコいもんだったかなぁ。彼らを見てると，寂しくなっちまう。もっと大きく，スポーツをとらえてほしいもんだ。また，なにせ公道なんだから，路面は完全整備されてなくて当たり前なんであって，たとえ知っている道，ついさっき通った道で

あっても，今度はどうなってるか分からないと考えるべきだ。そこらのバイク雑誌に載ってる写真は，見張りを立てて撮ってるんだから，マネなんかするな。

　一方で，オレはワインディングだって，ツーリングの一部として走るんだから，ただの道だ，と思っているキミには，こう言っておきたい。そこは，特別な道である，と。

　真っ直ぐに伸びる道や，誰もが注意する交差点とは違うのだ。先々を読みながら，確実にコーナーをクリアしていくテクニックや心配りができないのなら，走る資格はない。そしてまた，いくら自分が順法精神で走っていると思っても，カッ飛んでくる無法者は，クルマにもバイクにもいる。自分だけではないのだ。

■ワインディングロード②

●ブラインドコーナーは，コーナーの奥の安全をより早く確かめる。

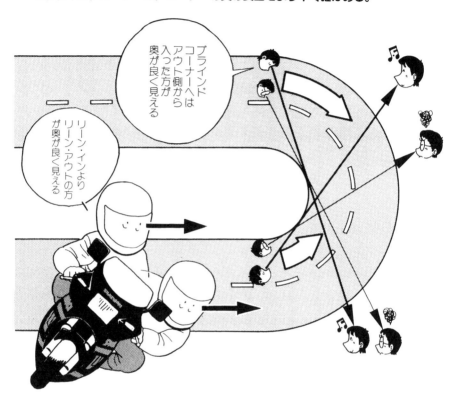

レーシングライダーは，ヘルメットのシールドが少しでも汚れていると，ものすごく気にする。指紋ひとつ付いていても使わないくらいだ。なぜなら，人間の最大の情報源である視界にわずかでも気を散らす要素があると，走りに集中できないから。前方がよく見えないほど汚れてるなんて，論外だね。

走るためには，それほどに前方視野の確保が重要なのである。ある程度は状況の予測がつくサーキットでそうなのだ。スピードを極めるのではないにしても，公道ではもっと，不確定要素が多い。なのに，ブラインドコーナーに勢いよく飛び込んでいくような連中もいる。彼らは，単にクソ根性で走ってるだけで，テクニックも何もない。全体の状況を把握して，その中で

いかに効率よく走るか，なんていう思考構造はカケラもないからだ。そんな走り方では，危ないのはもちろんのこと，いつまでたっても速くもうまくもならない。

やはり，可能な限り前方視野を確保できる体勢を自ら作り出すようにし，そこで確認できる状況の中でのみ行動する。そんな考え方を持つべきだ。

そこで，たとえばライディングフォームすらも考え直さなければいけない。極端なリーン・インやハング・オンは，視界を狭くするのだ。フロントにかぶさったような深い前傾姿勢も同じ。体が動かしにくくて刻刻と変化する状況に対応できないこともあるし，だいたいがムダなオーバー・アクションでしかない。他人に見せるためではなく，自分がスムーズに走るのに必

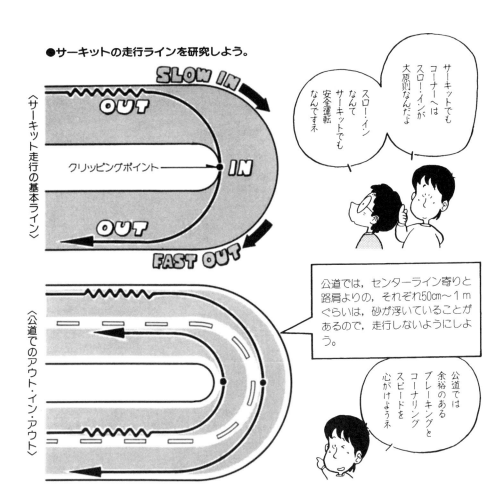

要な行動だけをやれ！　それに，ベテランから見れば，そんなカッコ付けは，ブサイクでしかない。

　次に，走る位置について。コーナーをなるべく外側から入るようにすれば，より奥の方まで見通しやすい理屈だ。それに，アウト・イン・アウトのライン取りこそが，速く走る秘訣だ，なんて言われる。じゃあ，というわけで大外からまわり込もうとするのは，ちょっと待った。公道ではセンターラインを越えてはいけないのは当然だし，それがなくても対向車は来る。おまけに，路肩やセンターラインの近くには，砂が浮いていたりすることも多い。アウト・イン・アウトにも限度があるのだ。そう考えると，ごく限られた幅の中を走るしかない。

　ひとことで言ってしまえば，公道走行にライン取りなんてものはない！　道なりに走るだけだ。まずはそう頭にたたき込んでくれ。

　その上で，コーナーの入口ではどちらかといえばアウト寄りから入って行き，前方を確認しながらスムーズにイン寄りに移して，出口が完全に見通せるまでは絶対にアウトへ寄らない，という走り方にする。それができるスピード配分をしろ，というわけだ。そもそも，サーキットのライン取りとは，スピード・コントロールの結果のものでしかなく，その目的は出口の車速向上。それを形だけコピーしても意味はない。そこから学ぶべきは，スピード配分とスロットル操作の方法で，さらにそれを公道用に変更して使うのだ。

■ワインディングロード③

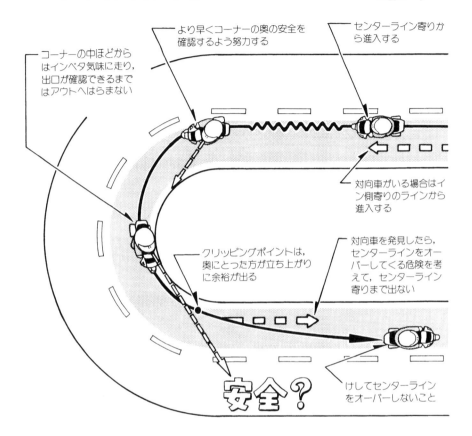

コーナーの中ほどからはインベタ気味に走り，出口が確認できるまではアウトへはらまない

より早くコーナーの奥の安全を確認するよう努力する

センターライン寄りから進入する

対向車がいる場合はイン側寄りのラインから進入する

クリッピングポイントは，奥にとった方が立ち上がりに余裕が出る

対向車を発見したら，センターラインをオーバーしてくる危険を考えて，センターライン寄りまで出ない

けしてセンターラインをオーバーしないこと

安全？

　コーナリングの実践に入ろう。まず最初にやらなければならないこと，そしてコーナリングで最も重要なこと。それは，十分な減速だ。バイクを倒し込む前の直線部分で，完全に減速を終えておく。コーナーの中で何が起きても平気さと思えるまでに，スピードを落としておく。

　当たり前のようでいて，これができてないヤツってのが多いんだな。もちろん，コーナーがどのくらい曲がり込んでるか，路面がどうなってるか分からないし，センターラインを越えて対向車が来るときもある公道なんだから，それに対処するためでもある。が，たえ知り尽くしたコーナーで見通しがよくたって，同じなのだ。これはコーナーを効率よく曲がるテクニックのポイントである。

　それを，どのくらいコーナーの奥深くまでフルスロットルで突っ込んだか自慢するアホがいる。何km/hでコーナーを抜けたかの，コーナリングスピードの高さを誇るアホがいる。カンベンしてくれ。ケガしたり死んだりするのはそいつの勝手だが，そのとばっちりを受けてケガしたり，峠道が2輪通行禁止になって走れなくなる方は，たまったものではない。そして，いくらそんな根性ライディングをしたって，速くもうまくもならないのだ。

　速さとは，コーナーをいくつか含んでのトータルのもの。峠道で言えば，ふもとから峠まで何分何秒で走り切るかだ。それには，コーナーを曲がるスピードで

●右コーナー

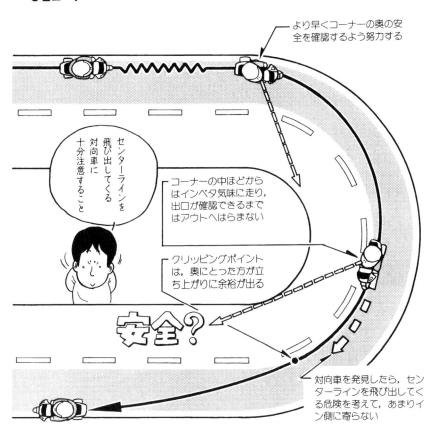

はなくて，コーナーでいかに短い時間と距離でバイクの向きを変えるかこそが大切。すると，まずは十分な減速が必要になる。まあ，公道でタイムを計ることはないし，そういう意味での速さも，本当はちっとも楽しくなんかない。けれども，安全確実にバイクの向きを変えていく走り方をマスターすれば，本当に速く走ることだって，すぐにできちゃうのだ。

　ちょっと説明が長かったけど，これは厳守。慣れるに従って，つい突っ込みとコーナリングスピード重視に，無意識になりやすい。キミには絶対に，本物の走りを覚えてほしい。

　で，普通はまあ，自分の車線の中での，コーナーに対してアウト寄りから進入するね。そのラインで直線的にブレーキング。次にブレーキを放し，下半身でスーッとスムーズに倒し込む。フル・バンク手前でパーシャルからオンへとスロットルを開ける。このとおりにやると，ここでバイクは，ググーッと向きを変えるんだな。このために，手前で十分な減速がいる。スロットルは，ここからずっと，少しずつでも開けていくんだから。

　もっとも，コーナーの出口が見通せるまでは，後輪にパワーがかかっている程度でいい。そうして道のイン側をキープ。出口が見えてバイクもそっちへ向いてから，グイーッとスムーズにスロットルを開けていく。ここでフルスロットルにしてやると，直線部のスピードが乗って本物の速さになるけど，必要ないだろ？

■ワインディングロード④

●コーナーはどこまでも続くもの，と考えよう。

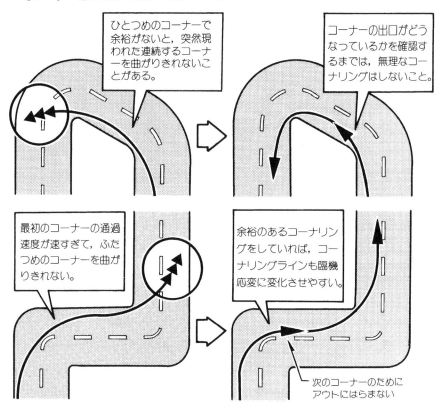

ひとつめのコーナーで余裕がないと，突然現われた連続するコーナーを曲がりきれないことがある。

コーナーの出口がどうなっているかを確認するまでは，無理なコーナリングはしないこと。

最初のコーナーの通過速度が速すぎて，ふたつめのコーナーを曲がりきれない。

余裕のあるコーナリングをしていれば，コーナリングラインも臨機応変に変化させやすい。

次のコーナーのためにアウトにはらまない

　前のページの走り方を変えていって，入口でもっとアウト一杯から入り，旋回半径を大きく取る。スロットルはもっと早くから大きく開けていき，出口ではフルスロットルにすれば，アウト一杯に出ていくことになる。すると，立ち上がり部分がグンと速くなって，これがレーシング走行のアウト・イン・アウトというものなのだ。立ち上がりでのスピードの乗りを稼ぐのが，速さのポイントなんだけど，そんなとこのわずかな直線のスピードをムキになって出したって，面白くないよね。もちろん危なくもある。ワインディングの楽しさってのは，ヒラリヒラリと，自在にバイクを操ってコーナーをクリアしていくことそのものでしょう。

　だから，ヤバい思いをして，出口でアウト一杯に出る必要も，イン一杯につく必要もないのだ。誰もタイムなんか計ってないんだから，楽しきゃいい。スッと倒し込んで，ギクシャクさせずにグイーッとスロットルを開けて，というのはじつは，とても難しいのだけれど，そんな複合的な操作がすべてタイミングよくいって，バイクの向きがきれいに変わったときの楽しさ，そうしようと努力する楽しさを，知ってほしいものだ。

　そんなわけで，前に「公道にライン取りはない」と言ったわけだ。もちろん現実には，限られた幅の中で多少の工夫はしていくんだし，意識しなくても，スムーズな曲線を描いて走ろうとすれば，自然とアウト・イン・アウト気味になるはず。そう，ギクシャクしないなめらかなラインで走ることが，安全にも速さ

●危険なコーナリングライン。

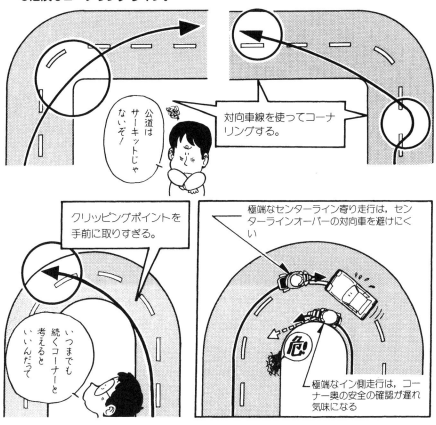

対向車線を使ってコーナリングする。

公道はサーキットじゃないぞ！

クリッピングポイントを手前に取りすぎる。

いつまでも続くコーナーと考えるといいんだって

極端なセンターライン寄り走行は，センターラインオーバーの対向車を避けにくい

極端なイン側走行は，コーナー奥の安全の確認が遅れ気味になる

危！

にもつながるのだ。

　それを，そんなことしなくても走れるスピードで，形だけのアウト・イン・アウトに固執するのは，危ない上に遠まわりしてるだけ。右ページの右上の図なんていい例だ。入口部分の走り方は，じつはよく見かけるんだが，そんな走行ラインを走れるくらいなら，最初からスパッとインに寄れるはずなのである。それに，対向車線まで使ってコーナリングスピードを上げていったい何が面白いのだ！　限られた条件（自分側の車線幅）を有効に使う工夫が，面白さだろう。

　ただし，クリッピングポイントを奥に取るという考え方は，活かしたい。それは，レースでは出口の加速力を稼ぐためであり，公道では出口ではらむことなく確実に曲がり切るためと，目的は違うが，やることは同じだ。公道では，1点をかすめて加速していくというよりは，イン側を長くナメる感じにすべきで，正確には〝ポイント〟ではないけど，気持ちとしてそれはあるはずだ。とくに初心者ほど，早い地点でインについて安心し，後半が苦しくなる。どんなコーナーでも，真ん中より後半にクリップすべきで，目に見える感じからは「こんなに奥に」というくらいがいい。

　そのうちでも，きつい曲がり方，奥にいくほど曲り込みが強くなるもの，S字状のひとつめ，といったコーナーでは，さらにクリップを奥にとる。常に出口を重点に考えるのだ。先が分からないコーナーは，そんな部類と予測しておくのは，これ常識だね。

■ワインディングロード⑤

●上り坂は，よりスロットルを開けて。

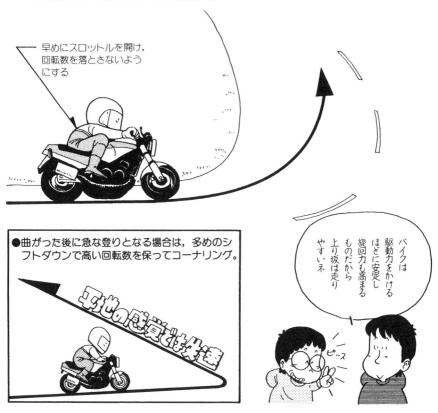

早めにスロットルを開け，回転数を落とさないようにする

●曲がった後に急な登りとなる場合は，多めのシフトダウンで高い回転数を保ってコーナリング。

上り坂の心得では大先生

バイクは駆動力をかけるほどに安定し旋回力も高まるものだから上り坂は走りやすいネ

ピース

走ってみると分かるんだけど，登り坂のコーナーって，平らなとこよりも走りやすいよね。注意するのは，ギアのシフトダウンをサボると出口で失速気味になることくらいで，これはまあさして危険でもないし，誰でもすぐに憶えるよな。

では，なぜ登りコーナーは走りやすくて，楽しめてしまうのか？　その理由を考える人ってのは，意外と少ないのは困ったことだ。答は簡単で，スロットルを早めに大きく開けられるからである。

ここまでに何回も説明してきたことだけど，バイクは後輪に駆動力がかかっているほうが，安定もするし曲がる力も大きく引き出せる。同じバンク角でもね。そして登りコーナーでは，それだけの駆動力をかけて

やっても，バイクのスピードは上がりにくい。入口での減速部分もたいていは登り気味だから，意識しなくてもスピードは十分に落ちていて，よけいにネカせてから駆動力をかけていきやすくなる。基本どおりのコーナリングパターンがやりやすいわけだ。おまけに人間は，下を見下ろすよりも，見上げるほうが緊張しにくいものだから，なおのこと落ちついてスロットルなどの操作もできてしまう。

ところが，これが下りコーナーとなると，すべて逆になる。気分と根性だけで走ってるヤツ，つまりヘタクソは，下りは苦手でね，なんて言うのだ。初心者のキミが走りにくいと思うのは，まあしかたないけど，基本テクをよーく思い出せば，怖くなんかないゾ。

●下り坂は落としすぎるくらいスピードを落とす。

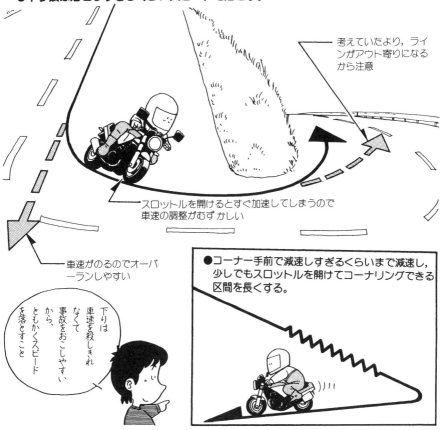

考えていたより，ラインがアウト寄りになるから注意

スロットルを開けるとすぐ加速してしまうので車速の調整がむずかしい

車速がのるのでオーバーランしやすい

下りは車速を殺しきれなくて事故をおこしやすいから，とにかくスピードを落とすこと

●コーナー手前で減速しすぎるくらいまで減速し，少しでもスロットルを開けてコーナリングできる区間を長くする。

つまり，まずは減速だ。下りだから，たとえば60㎞/hから40㎞/hへの20㎞/h幅の減速でも，平地や登り坂よりは距離がいる。下りなので予想以上にスピードが乗ってしまってもいるだろう。それに，下りコーナーをスロットルを開けつつ曲がっていって，スピードが上がりすぎないためには，平地や登りの同じ曲がり方のコーナーよりも，さらにグンと入口で減速しておかなくてはならない理屈だ。

そこで，コーナーのずっと手前から減速を始め，遅すぎると思うくらいまでスピードを殺す。タネを明かせば単純なようだが，これが下りコーナー攻略の極意なのだ。スロットルを開け始める位置とそこでのスピードを判断し，それに合わせてブレーキングをする。

じつはこれ，あらゆるコーナーの，そしてレースにも通用する要の考え方なんだけどね。

そこでスピードが落ちることに加えて，少し上体を下げて目の位置を低くすると，気分がグンと楽になるのだ。この気分のコントロールも，重要なテク。そしてネかせてからも，バンク角は浅めにし，腰を低く落とす感じがよく曲がれる。出口でアウトに出すぎないように，グリップを奥に取る気持ちで，とにかく向きを変えることに専念するのだ。キツい下りや半径の小さいコーナーでは，ネかせてすぐにスロットル・オンにできなくて，それならばとスロットル・オフで前半を曲がるテクを使う場合もある。が，そこではフロントタイヤのグリップに頼ってるのを忘れるな。

■ラフロード①

●ラフロードは，オンロードのようにタイヤのグリップに頼ったライディングはできない。

テクニックの差がモロに出る

ひえーっ

フラフラ

●ラフロードをこなせれば，オンロードもうまく走れるようになる。

バイクの挙動の変化やタイヤのグリップの限界を低い速度でつかめる

そりゃっ！

……○○○

あっと

ずりっ

ずりっ！

　この本を読んでる人の半数以上は，たぶんオンロード派なんだろうね。でも，そんなキミにもぜひ，このページは読んでおいてほしいな。なぜなら，一見まるで異質に思えるその走りの中に，オンロードにも通じるものを見つけて，それを別の角度から見ることで，なるほどな，と分かってもらえるだろうからだ。それに，爽快な自然の中を走るってのは，アスファルトのコーナーをクリアしていくのとはまた別の，こたえられない快感なんですゾ。

　面白さのほうは，まあ林道まで出かけてもらわないと分からんだろうけど，テクのほうは，基本的にはなんにも難しいことはない。下半身でバイク（体）をホールドし，コントロールし，タイヤに急激なショックを与えるような倒し込みとかスロットルワークはやらない。と，基本的にはこれだけ。オンロード・バイクの乗り方とまったく同じだ。所詮は同じ2輪車なんだから，そんなに違いがあるわけがないだろう。とりあえず林道を流して走るのには，極端な中腰姿勢もオーバーなリーン・アウトのフォームも，ましてやジャンプやカウンターステアも，何もいらないのだ。そんな走り方でも，現在のトレール車はけっこうなペースで走れるはず。昨今のレプリカを名乗るオンロード車なんぞよりは，よっぽどノーマルな〝オートバイ〟らしいライディング・ポジションでもあるので，ごく普通に乗れば，それでいい。林道でカウンター走行を決めようなんてのは，ナナハンでウイリーしながら走る特

●スタンディングフォームが基本。

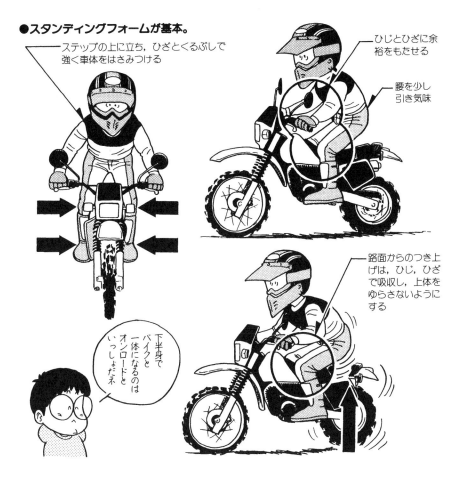

ステップの上に立ち, ひざとくるぶしで強く車体をはさみつける

ひじとひざに余裕をもたせる

腰を少し引き気味

路面からのつき上げは, ひじ, ひざで吸収し, 上体をゆらさないようにする

下半身でバイクと一体になるのはオンロードといっしょだネ

殊走法と思っていい。

　ところが, オンロードの経験しかないライダーが初めてダートに行くと, たとえ上等のトレール車に乗っても, ひどいヘッピリ腰で, 危なっかしくとても遅い。それは, 普段タイヤのグリップに手放しで頼るような走りをしているからだ。ダートでは, すぐにタイヤが滑るし, 滑り具合いの変化も大きい。けれど, オンロードだって, ペースが上がっていけば同じことじゃないか。普段は, 誤解が生む安心感で走ってるだけだと気付いてほしい。

　同じとはいえ, ダートロードやオフロード（つまり道じゃないところ）では, 路面のデコボコで突き上げられたり, 滑ったりフラれたりの度合いが高い。そこ

で, ヒザやクルブシを使っての両足でのホールドは, オンロード以上に確実にする。そして中腰気味というか, いつでもその形に移れるような, 両ステップを踏んで立ち上がれる体勢を確保しておく。バイクが上下左右に動いたとき, ヒザから下の体はバイクと一体で, 頭はほとんど動かないくらいにするためだ。

　なお, 中腰になったときにも, ハンドルを引いたり押したりせずに, 体をホールドできること。それができた上で, 初めて体を前後に移動させての本格的な走りへと発展することが可能になる。まずはその基本位置で, スムーズに走るのを覚えよう。もちろん, 腕や肩に力を入れてはいけないのは, ここでも同じ。ハンドルにしがみつくと, すぐにフロントからコケる。

■ラフロード②

●ラフロードのコーナリングフォーム。

ステップを先端方向へ
踏み込み，その反力で
ヒザをタンクに押しつ
けるように倒し込む

上体をリラックスさせ
て肩の力を抜き，リー
ン・アウトのフォーム
をとる

イン側の足は，車体が
滑った時の修正のため
に前に出す

　ダートでのコーナリングの第一歩は，本当にゆっくりとでいいから，リーン・ウィズでスルリと曲がってみることだ。足なんか出さなくたっていい。イン側の足で支えようとする気持が先行している限り，オットットッのヘッピリ腰からは抜けられない。そしてネかせたらすぐにスロットル・オン。オンロード以上に車体が不安定になりやすいのだから，この加速気味で曲がる原則は必ず守る。もちろん，スムーズにスロットルをひねり込んでいかないと，すぐに滑るゾ。

　なんとなく曲がれたら，上出来。第2段階に移る。ダートでは，リーン・ウィズではクイックに倒し込みにくい。それに，曲がるためには車体バンク角はそれなりに必要だが，イン側への重心移動はそんなにいら

ないし，ハングオンではバイクのホールドがしにくく体の動きも遅れがちになる。というわけで，外側の足で，ステップをその先端方向へ踏み込みつつ，その反力でタンクに当たるヒザから体重を載せるようにして，倒し込む。それでも，倒し込み初期のキッカケ作りには，やはりイン側ステップへ荷重してる。

　とにかく，そうやって倒し込むと，アウト側のヒザをタンクに押し当てる反力で，上体は外に移り，これでリーン・アウトのフォームが完成する。尻もシート外側のカドに載せるくらい思い切ったほうがいい。

　ここで，外足は常に全体を車体へフィットさせ，確実なホールドをする。ところが，内足はこの体勢ではフィットさせられない。しかも，わりとバンク角が深

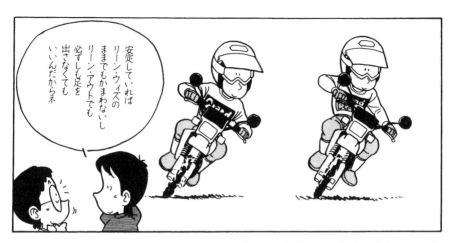

シートのカドに
体重を載せるよ
うにするといい

いので，タイヤのグリップも不安定。そこで，倒し込みの勢いをつける意味も含めて，内足を出す。横というよりは，前輪のわきくらいの，前方だ。それでないと，走っているのだから，地面に足をつけたとたんに接地点が後方に移ってしまう。もっとも，ズバッと滑ったときに，この足で体重や車重を支えるというよりは，瞬間的にトンッとついて，タイミングを取るくらいのつもりでいたほうがいい。当然，ずっとズルズル地面を擦りながらここで支えるわけではない。

ここまでは，主に倒し込みのためのアクション。スロットルを開け，なるべく短い時間で向きを変える。それから車体がスムーズに起きていくのに合わせて，リーン・ウィズに戻していく。体の移動は外足の脚力

で。そして内足も，体勢が整い次第，ステップに載せるよう心がける。

ここまできたら，第3段階。体の前後移動を加えてやる。ブレーキングでは，腰を引いて後輪荷重を稼ぎ，前輪荷重を抜く。倒し込み時は，一転してスパッと腰から体を前に持っていく。そのほうが，クイックにねる。加速に移り出したら，スーッと腰を引いてまた後輪荷重にし，駆動力を稼ぐ。体の移動は，ここでもすべて脚力でやるつもり——。

キミがここまで，すぐにできるはずもないが，少しずつチャレンジしてみてくれ。これだけ積極的に体を動かすのだ。しかも，それを腕の力を抜いたまま。コントロールの中味は，オンでも同じだが，体力が必要。

■ラフロード③

●ジャリ道の走り方。

ニーグリップし，腰を引き気味にしてリアの荷重を増やしてやる。

スロットルは開け気味

フロントに荷重をかけると，滑った時に修正がきかない

わだちは鋭角的に横切る

ジャリの浮いているところを避け，なるべくグリップのいいところを選んで走る。

ジャリ道とか，小石や柔かい土が浮いている道とかが，キミたちがよく走るところだろう。つまり，モトクロス場や河原，あるいはケモノ道といった本当のオフロードというよりは，ラフ，あるいはダートロードと呼ぶのが適切かもしれない。

そんな道のストレート部分では，ヘッピリ腰でハンドルに寄りかかると，よけいに不安定になる。前輪が滑ったときなど，何の対処もできない。グリップはホールドするだけで，体重はまったくかけず，むしろ意識して後輪荷重くらいのつもり。中腰になってもいい。ただし，ハンドルは引っ張らないように。そして，ニーグリップ（ヒザに限らず足全体）により確実なホールドはしつつも，フラれたときは下半身だけを動かす

柔軟さを保つのだ。

また，スロットルは常に開け気味にして，さらに車体を安定させてやる。モタモタとスロットルを閉め気味というのが，一番不安定で，前輪を取られやすい。かえって，ある程度スピードが乗ったほうが，車体が直進し続けようとする勢いが強くなって，フラれにくい傾向にある。オンロード車でこんなところを走るときにも，ポジションもサスも目的外の道なのだから，ペースを落として安全に通過するのに専念するのは当然だが，基本的なフォームや操作の考え方は同じ。やはりスロットルは開け気味にする。

とはいえ，なのだ。あまりいい調子でカッ飛んでもらっては困る。専用のコースでない限り，普通にバイ

●オンロード車で，ラフロードを走る。

基本的には
オフロード車で
走る場合と
同じだけど，
第一にスピードを
ぐっと落とす
ことだね

PACE DOWN.

スタンディングフォームを
とり，ニーグリップをしな
がら，ひざとひじでショッ
クを吸収する。

タイヤのグリップは落ちる
し，サスペンションはすぐ
にフルストロークしてしま
う

●対向車が来たら……。

その場で止まるくらいまでス
ピードを落とし，対向車が道
を譲ってくれるのを待つ方が
賢明。

●ブレーキング。

強力な
フロントブレーキで
タイヤをロック
させないように！

クで乗り入れられるところは，すべて公道なのだ。オ
ンロードのワインディング以上に，ダートを走りに行
くと，ここは特別エリア，みたいな気持ちになりやす
いようだが，大間違いである。数は少なくても，対向
車は来る。いや，交通量が少ない分だけ相手が油断し
ている可能性もあるくらい。それに，ハイカーや林業
関係の人など，歩行者もいて，当然歩道などない。歩
いている人間が最優先である。発見したら，小石やド
ロをはね飛ばさないよう注意するだけでなく，近くで
一時停止してエンジンを切り，楽しいハイキングの邪
魔をしない。それくらいの心配りがほしい。
　だから，ブラインドコーナーをカウンターを当てて
スッ飛んでくなんて，とんでもないのだ。それに，ガ

ードレールもなく人通りも少ないそんなところで，谷
底に落ちたりしたら，もうアウトですね，これ。
　林道などでは，まず絶対センターラインなんてない。
だから，わだちをうまく横切ったりして路面のいいと
ころを捜し，わりと自由に走れもする。でも，対向車
も同じようにしてくるのだ。もちろん，キープレフト
の法律は活きているが，自分がたとえ左端を走ってい
ても，安全とは限らない。コーナーはすべて危険だと
思え。また，制限速度などの標識もろくになく，法定速
度まではOKの理屈ではあるし，ネズミ捕りもまずな
いが，実際には30km/hでも曲がれないコーナーなんて
一杯ある。自分の身の安全は自分で守り，すべての行
動には自分で責任を持つ考えが，とくに重要だ。

87

■雨，夜

●雨や夜は，ともかくペースを落とすこと。

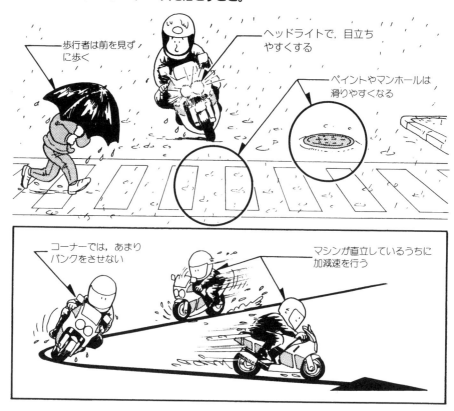

歩行者は前を見ずに歩く

ヘッドライトで，目立ちやすくする

ペイントやマンホールは滑りやすくなる

コーナーでは，あまりバンクをさせない

マシンが直立しているうちに加減速を行う

　雨の中を走るなんて，誰だってイヤだよね。グチョグチョにぬれて，気持ち悪いし，何よりもスリップが怖い。でも，走り方のテクニック自体は，基本的なところで何も変わらない。オンロード走行とダートでさえ同じなんだから，当然だ。

　注意点をあえて上げれば，基本テクを徹底的に守って，すべての操作をごくスムーズにやること。ブレーキはジワーッとかけ，スロットルもスイーッと開けるのだ。倒し込みも滑らかに。そうやって，タイヤに瞬間的なショックをまったく与えないようにする。それでないと，いくらスピードが遅くたって，瞬間的にステンとコケるゾ。タイヤのグリップに寄りかかったような〝根性乗り〟は，すべて通用しない。ハンドルを

コジッてネかせたり曲がったりなど，最悪だ。

　晴れの日にも，完璧にそうやって走れれば，すごくうまくて安全で，そして速いんだけどな。

　そんなテクニック面以外での注意点としては，極端に滑りやすくなる部分があること。マンホールのフタや，工事中の道路によく敷いてある鉄板などは，いい例だ。それに，橋や高速道路によくある路面ジョイントの金属部分も。そんなところでは，車体をネかせたり加減速したりは，避けたほうがいい。だからといって，その場になってから車体を起こしたりスロットルを戻したりの操作を急にやるのもダメ。スムーズに，惰性で通過してしまうことだ。横断歩道やセンターラインのペイントも，材料が改良されて以前よりはマシ

●シールドのくもりは，シールドを少し開けて走行。

見えない！

市販のくもり止めや，中性洗剤を塗っておいてもいい

外気 →

●夜の雨は，シールドについた水滴が光を乱反射させて前が見えなくなる。

シールドをひさしがわりにする

顔にタオルをまいて，直接顔に雨があたらないようにする

バイザーごしに見る

顔に直接雨が当たると痛い

●夜の走行は安全運転。

前走車や対向車がいたら，必ず下向きにすること。

夜は視界が悪いので，ペースを落とすのは当然。

まぶしいッ！

HIGH
LOW

になってきたとはいえ，アスファルトより滑るのは間違いないので，同様の気遣いをする。

そういうものがなくても，深い水たまりに入ると，タイヤが水の膜に乗った状態となり，コントロール不能になるのは，聞いたことがあるだろう。で，一見，穴ボコもない道でも，トラックの車輪が通るあたりはへこんでわだち状になっているもので，ここに水がたまるのが，予想以上に危険。一瞬ではなく，縦方向につづいているので，しまつが悪い。そこを通らないように，自分の車線の中央付近を走るのが無難だ。

さて，雨の日にはクルマでも視界が悪いのだから，ワイパーのないバイクは最悪だ。しかも，外の水滴以上に，内側がくもってしまうのが困る。フルフェイス

のヘルメットでは，シールドを少し上げて外気を入れると，多少は防げる場合もある。が，限度があるし，水滴が中に入ってくると，よけいにマズイ。高速時などは当然ムリ。やはり，くもり止めタイプのシールドを使うか，くもり止め剤を塗る。いろいろと市販品もあるが，一番効くのは，昔ながらの洗剤みたいだ。台所用の液体のを乾いたシールドの内側に薄く塗り，それを乾かしてから，ふき上げる。これを2〜3回繰り返す。ただし，シールドの外側には，何も塗らないこと。水滴が飛ばなくなって，よけい見にくくなる。

まあ，出先で降られてそんな用意もなければ，シールドを上げて走ることになる。が，ごく低速でしか走れないはずだし，あまり安全でもないね。

■2人乗り

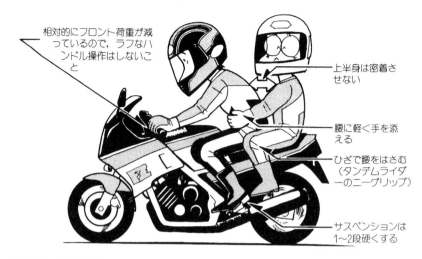

相対的にフロント荷重が減っているので, ラフなハンドル操作はしないこと

上半身は密着させない

腰に軽く手を添える

ひざで腰をはさむ（タンデムライダーのニーグリップ）

サスペンションは1～2段硬くする

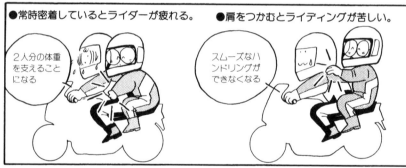

●常時密着しているとライダーが疲れる。

2人分の体重を支えることになる

●肩をつかむとライディングが苦しい。

スムーズなハンドリングができなくなる

　タンデム・ツーリングには, ソロとは違った楽しさがあるし, ちょっとそこまで乗せていかなければ, なんてときもある。免許を取って1年たてば, 定員2名となっている普通のバイクに乗ってる限り, そんなことも経験するはずだ。基本的なタンデムのノウハウくらいは知っておこう。

　まず, キミが運転手の場合にやらなければならないこと。それは, すべての操作を十分すぎるくらいにゆっくりやり, 徹底的にペースを落として走る, お手本のような安全運転だ。クルマで助手席にひとり乗ったのとは違う。バイクの大きさと車重に, ひとり分の体重が, それも後方に増えるのだから, 一気に重くなり, 重量バランスもメチャクチャに狂ってる。とてもいつ

ものように, スイスイとはいかない。

　それに, コケてケガをするのは, ソロならキミの勝手だが, タンデムでは違う。一般的に後方のライダーのほうが, ケガが大きいのでもあるが, そうでなくても, 人様の命を預ってる責任は自覚すべきだ。タンデム時のバイクは, スポーツ・アイテムというよりトランスポーターと割り切らなくてはいけない。

　次に, キミがタンデムシートの側に座る場合。タンデム走行をスムーズにこなせるかどうかは, 運転手よりもこちらの役割りが大きいほどだ。では, 何をすればいいのか？ 答は, 何もしないのがベスト。デカいカボチャかスイカになったつもりで, 荷物になりきってしまえばいい。体を動かさないで, 右のイラストの

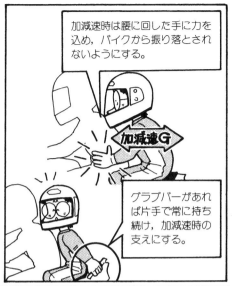

加減速時は腰に回した手に力を込め，バイクから振り落とされないようにする。

加減速G

グラブバーがあれば片手で常に持ち続け，加減速時の支えにする。

●タンデムライダーは荷物になりきる。

常に車体の中心に向けて体重をあずけている

●二人の呼吸が合わないとバイクは安定しない。

よ！ おとなしくすわってて

自分するのはライダー……

コーナーが怖くて上体を立てる人

変にバイクを知っていて自ら曲がろうとしている人

●体が離れ過ぎていると振り落とされる危険がある。

ような形を保つことだ。そうすれば，運転手は自分の意志だけで，コントロールができる。だいたい，ジタバタしたところで，タンデム側に座ったら，どうにも手の出しようがないのだから，運転手に命を預けたものと観念しちまいなさい。

もっとも，そこでキミはシートへしばり付けられているわけではない。グラグラ動いてしまっては，安定した〝荷物〟とは言えないわけだ。そこで，両足はビシッとステップに載せて踏ん張り，両ヒザでは運転手の尻のあたりをシッカリとニーグリップ。そう，自分で運転するときと同じだね。

だが，スペースの関係などで，どうやったところでその形の下半身だけでは，上半身を支えられない。バ

イクはクルマみたいな横Gはないが，加減速の支えはいる。しかし，運転手の体のヘタなところにつかまると，非常にコントロールしにくくなる。そこで，運転手の骨盤を，両側からガッチリとつかむのだ。片手ではグラブバーを握るといいのだが，最近はそれがないモデルが多いのでしかたない。こんな状況だから，運転者側は加減速をゆっくりやる必要がある。

こうしたタンデム側の心得は，しかし，バイクを運転しない人に言っても，理解されにくい。とくに女の子を乗せる場合などは，最初から諦めて，両手をキミのヘソのあたりで組ませ，体をキミの背に密着させる。これで，確実にキミと一体になって走るハズ。加減速での彼女の体重は，キミの体力で支えるのだ。

■転倒

●フロントタイヤのスリップによる転倒

肩や頭を打ちやすい

●ハンドルを無理に内側に引っぱりこんでいないか？

バイクは下半身で操るんだゾ！

●リアタイヤのスリップによる転倒

ライダーは腰から落ち、転倒としては一番ダメージが少ない

リアタイヤが外に流れて、そのまま転倒

●ハイサイド

滑ったリアタイヤが突然グリップを回復

もし転倒したら——なんて言うと，オレに限ってそんなことは，とか，あるいはエンギでもないから聞きたくない，というのが本音じゃないかな？ でも，他人ごとだなどとは，絶対に思わないほうがいい。バイクはタイヤがふたつしかないのだから，元々転ぶようにできてるんだ。そのくらいに考えて，このページを読み，それがムダになったら一番なのだ。

さて，転倒にもいろいろなパターンがあるけど，まずは横からクルマが急に出てきたとか，コーナーを曲がったら他車が道の真ん中に駐車してたとか，相手はクルマ以外の何かでもいいのだが，そんな場合，最悪なのは，なんとか避けようとしてそのまま激突とか，ネかせすぎたりハンドルをコジッたりして転倒しなが

ら相手にブツかること。ケガはデカイね。そんなときは，とにかくバイクを立て，可能な限りのブレーキングでスピードを下げる。ブツかったときのダメージを少しでも少なくするためだ。死ぬよりは，足を1〜2本折ってもそのほうがマシ。その程度の覚悟は，バイクに乗るならしとけ。運がよければ，相手の障害物の前で止まれるかもしれない。ブレーキ以外のテクでかわそうなどと考えないことだ。

コーナーに飛び込んでから，完全にオーバーペースだと気付いたとき。これは，説明してきた基本テクから少し外れただけなら，慌てずにスロットルを戻して待ってれば，なんとか曲がり切れるハズ。が，それを超えていて飛び出しそうになったときは，これもバイ

●転倒してしまったら，2次事故を防ぐため，とりあえず 安全な場所へ逃げる。

まわりの状況を確認して，とりあえずは安全な場所へ逃げること。

転んじゃったものはしかたない，まずは自分の体を守ること！

バイクが反対へ起き上がり，ライダーは空中に放り上げられることになり大ケガをしやすい

●過大なバンクや，ラフなスロットル操作をしていないか？

●ともかく，無理なコーナリングはしないことだ！

ここでコケたら修理代○万円…

ガリッ！

バイクは金を出せば直せるけど生身の人間はそうはいかないんですよね

……と考えながら走るといい

クを立ててブレーキングだ。もっとも，それが左コーナーで，対向車線に出そうならば，バイクをネジ伏せて自分の車線内でコケたほうがベター。対向車に張り付くのは，一番怖い。ここでも，少しでもダメージの少ないコケ方に持ち込む。これも含めて，コーナーでのスリップダウンの類は，ほとんどがキミ自身の操作や判断のミスだろう。ハイサイドやブレーキング・ミスでコケると，かなり痛い。

なんだかんだ言っても，コケたものはしかたない。グゥシャンとやったら，キミは肩や尻から着地（顔わくばだが）して，手足を縮め，なにもしないで体が完全に止まるのを待つ。手や足を地につこうとすると，想像以上にスピードの勢いはあるもので，ショックに

よりひどい骨折をするか，体が跳ね上げられてドタバタと転がることになる。手足はブレーキの役には立たない。運を天にまかせ，止まるのを待つしかない。

止まったら，まず動かずに，まわりの状況を確認。ヘタに走り出すと，他車が避け切れずにブツかってくる可能性があるからだ。それから，体がなんとか動くのなら，手足の1本くらい折れてても，安全な場所へ逃げる。2次事故がヤバイ。バイクなんか放っとけ！

それから，気が落ちついたところで，自分の体の様子をよく確認して，ちゃんと動けるのなら，バイクを路肩に寄せるなどの，ライダーとしての責任作業に取りかかる。慌ててると，最初に愛車へ駆け寄りがちだが，気が付くと骨折してて何もできないこともある。

§4 ハイレベルなライディングを自分のものに

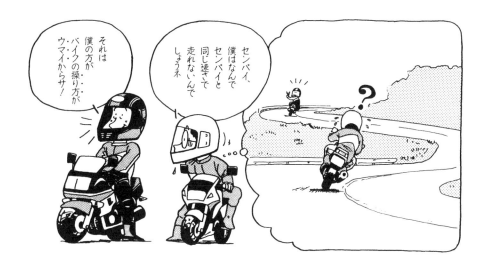

それは僕の方がバイクの操り方がウマイからサ！

センバイ、僕はなんでセンバイと同じ速さで走れないんでしょうネ

センバイ、僕はなんでセンバイと同じ速さで走れないんでしょうネ

バイクを乗りこなしていく上で難しいのは、"速く走る"ことよりも"うまく走る"ことなのだ。一見は同じように思えるかもしれないけれど、これはまったく別物。そして、うまく走ろうとする延長線上には、必ず真の意味での速さもある。順序として、速さが先にくると、すべてが狂う可能性大なのだ。どれだけていねいにバイクを操り、その機能を引き出すかこそが"うまさ"だということを、またそれを追求する楽しさを知ってほしい。（つじ）

■スポーツライディング①

●バイクを自分の手足のように操るためには？

それなりにライディングできるようになったキミでも、峠道を走るとどうも怖さのほうを強く感じて、スイスイ走る楽しさに浸り切れない、なんてことがあるんじゃないかな？　とくに、今日はいつもよりコーナリング速度を上げようとか、速い先輩に食い付いて行こう、なんて意気込んでるときに、そうなるはず。

なぜ怖さを感じるか。それは、キミが危険な乗り方をしてるからだ。間違ったバイク・コントロールをしてるからだ。人間は、理屈以前に危険を察知し、恐怖として意識するものである。だからそんなときに、え～い根性だ！　なんて無理に怖さを押し殺して、コーナーに突っ込んでいかないこと。実際に限界点を超えちゃうんだから、痛めに遭う確率はとても高い。

怖いことなどやめちゃえばいい。恐怖をガマンして乗り続けたところで、危ないし、うまくも速くもなれはしない。なにしろ、間違った走りなのだから。それに楽しむためのバイクでしょう!?

怖い、危ないというのは、ほとんどの場合、本当の意味での"速すぎ"ではないことを、理解してほしい。いくら遅くたってコケるときはコケる。たとえば、腕に力が入っていると、フロントタイヤに無理な負担がかかる。そのために、フロントからスリップダウンすることも、逆にそこで力の逃げ場を求めたリアからコケることもある。ヤバいスリップはしなくても、そんな走りをしてると怖い。解決法は、肩や腕の力を抜くだけでいいのだけど、速く走ろうとか、イイカッコし

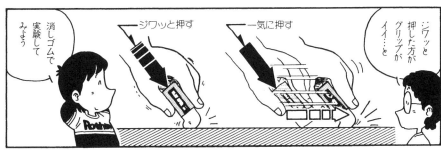

● スロットルを急に大きく開けた。

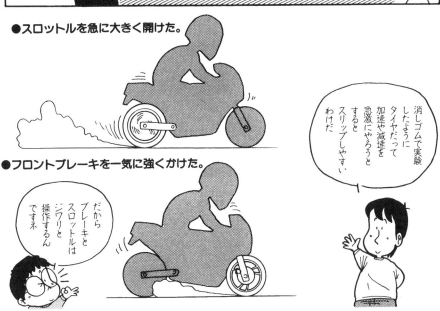

● フロントブレーキを一気に強くかけた。

ようとかの意気込みが先に立ってると，抜けないだろうね。まずはその類の思考を頭の中から捨てろ。ていねいに走ることに専念せよ！　そこでたとえば，両足でニーグリップしたりなどで，下半身でのライディングに持っていくように，2章で述べた基本に本心から戻ってみることだ。

　本当は，基本こそがすべてであり，それを一部のスキもなく完璧にこなすのが，ハイレベルなライディングというものだ。これぞ高級テク，なんて異質のものは，ありそうでいて，存在しない。だから，この章はなくたっていいくらい。ところが，そこに気付くのは，かなりうまいライダーだけなんだなー，これが。

　たとえば，ヘタッピーなライダーに限って，「タイ

ヤが滑っちゃってさあ，タイヤがどーのサスがどーの……」てなことを言う。ジョーダンじゃない。タイヤやサスの性能だけで速さが決まるんなら，誰でもＦ．スペンサーといっしょに走れるはずだ。より大きな減速度や加速度を与えるにしても，タイヤにショックを与えないように，ジワーッとブレーキをかけ，ジワーッとスロットルを開ければ，かなりのところまでグリップさせられるはず。これは倒し込みや切り返しでも同じ。しかし，その「ジワーッ」は基本でありながら，ハイペースでも維持するのは究極テクであり，難しい。すべてのテクはここにあり，なのだ。

　てなことを言っても，キミにはピンとこないだろうから，以後に述べる各種テクの中に，基本を発見せよ。

■スポーツライディング②
●ブレーキングでは，減少するリア荷重を積極的に増やしてやろう。

腰を引いてリア
タイヤへ体重を
のせるようにし
よう。

しっかりとタン
クをはさみこみ，
ニーグリップす
る

ステップを前にけり出す気持ちで体重をささえる

●おしりの位置をずらすのではなく，腰を後方に引いてやることでリアに体重をのせてやる
ようにする。

上体を低く構え，
人間，バイクを
含めた重心を下
げる

結果的にひじに
余裕ができる

　ブレーキングがハードになればなるほど，バイクの前のめり姿勢が強くなる。そうなると，車体が不安定になる。また，フロントタイヤは，そこに受ける垂直荷重が増していき，やがてそれがタイヤ能力の限界を超えて，一気に滑り出す。リアタイヤは逆に，荷重が減ってグリップ力を失い，進路の安定を乱す。

　そこでキミがやらなければならないこと。それはキミ自身の体を使って，バイクの姿勢変化が大きくなりすぎないように，あるいは前後輪にかかる垂直荷重の差が大きくなりすぎないように，することだ。ライダーを含めた重量が200〜300kg程度のバイクで，装備重量70kgとかの人間ができる仕事はデカイ。

　そのために持つべき考え方は，車体の姿勢制御から言うなら，フロントを沈ませないというより，リアの浮き上がりを極力抑える方向である。本当のフルブレーキをすれば，フロントフォークはどのみちフルストロークするものだ。前後タイヤへの荷重バランス制御から言うなら，まずはとにかく，フロントにかかっている体重を抜く感覚が大切だ。

　具体的な乗り方としては，下半身でのホールドを確実にし，どんなに強い制動力がかかっていても，腕はブラブラのフリーの状態を保つ。基本テクそのものでしかない。言ってしまえばこれだけ。簡単だって？できるものならやってみなさい。まずはできっこないんだから。国際A級のライダーだって，これが完全にできてる者は，あまりいないみたいだね。

●シフトダウンは，ひとつのギアでコーナーを走り切れるようなギアを選ぼう。

ひとつのギアで，コーナーの入口から出口まで走り切れるような，少し高めのギアを選ぶ。

シフトダウン

スムーズに加速できる

あまり低いギアまで落とすと，コーナリング中にシフトアップしなければならなくなる。

シフトダウン！

コーナリング中のギアチェンジはギクシャクしやすい

BRAKE!!

シフトダウンの時にギクシャクする人は，回転をあわせたシフトダウンをもう一度復習！

ブォン

ユサユサ

シフトアップ！

　トレーニング法としては，コーナーに深く突っ込もうとかの気負いを捨てることから始める。リラックスして，余裕のあるポイントから，ゆっくりでもいいから確実に制動する。常に確実に，そしてタイヤと対話しながら，レバーやペダルを操作する。体のほうはカカトやヒザでガッチリと車体を挟んでホールド。それから，これはとても重要なことなんだけど，尻ではなくて腰，ベルトを締めるあたりの少し上を，グンッとばかりに後方へ突き出すのだ。この腰を強く後方へ突き出す気持ちを持つことで，上半身はしっかりとホールドされる。腕を通してハンドルに体重がかからなくなるわけだ。その結果は，図のようなネコ背のフォームに近づくはず。

　そして，これも理屈というより，ライダーの気持ちの問題なのだが，シートを通して，尻でリアタイヤをグーンッと路面に押し付ける感覚を持つべきだ。
　これを発展させて，さらに積極的にリアの浮き上がりを抑えるのに，体全体を後方に移すテクもある。腕を突っ張るのではなく，脚力で体を引くのだ。ただし，ステップを前下方に踏み込むときに，尻が浮き気味になって腕に体重がかかっては，かえってマイナス。ステップとニーグリップでのホールドを忘れずに。
　ギアのシフトダウンは，前にも言ったけど，慌てる必要などない。エンジンブレーキなんかクソくらえだ。そして，エンジンがフル回転しない程度の，余裕のあるギアまでだけ落とし，滑らかに加速へ移る。

■スポーツライディング③

●倒し込みの要は，イン側ステップへの荷重とそのタイミング。

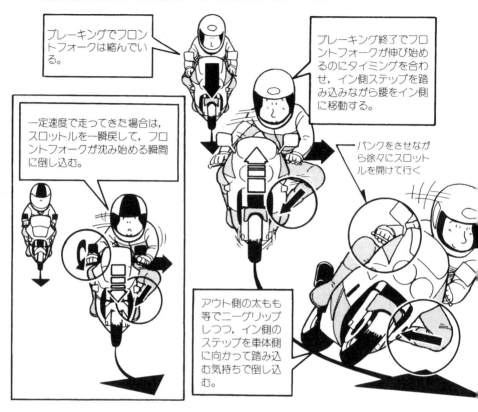

ブレーキングでフロントフォークは縮んでいる。

ブレーキング終了でフロントフォークが伸び始めるのにタイミングを合わせ，イン側ステップを踏み込みながら腰をイン側に移動する。

一定速度で走ってきた場合は，スロットルを一瞬戻して，フロントフォークが沈み始める瞬間に倒し込む。

バンクをさせながら徐々にスロットルを開けて行く

アウト側の太もも等でニーグリップしつつ，イン側のステップを車体側に向かって踏み込む気持ちで倒し込む。

コーナーを曲がるという作業は，端的に表現するならば，倒し込みですべてが開始される。そしてまた，倒し込みですべてが決定される。ネカせた後で，あれやこれや小細工をして，バイクの進行方向やスピードを大きく変更，調整しようなんて魂胆でいると，ギクシャクした走りになる。怖くて危険で遅くブサイク。コーナーの手前では，程度の差こそあれ，減速をしてることが多い。そこで，ブレーキをかけているならば，制動を終えてブレーキを放す瞬間，フロントフォークがまさに伸び上がり始めようとするそのときを，的確にとらえる。その瞬間こそが，非常に重要なタイミングなのだ。ブレーキを放すのをキッカケとして倒し込む，と表現してもいい。

スロットルオフだけで減速した場合は，そのまま倒し込むことになるけど，これは意外とタイミングをつかみづらい。とりあえずは軽くでもいいから，ブレーキをかけて，倒し込みタイミングをつかむトレーニングをするといい。倒し込みポイント直前まで加速してきているか，一定速度で走ってきた場合は，スロットルをパッと戻す瞬間，つまり先のとは逆にフロントフォークが沈み始めようとするそのときをねらえ。

とにかく，まずはこの倒し込みのタイミングを，最初は頭で，結局は体で完全に覚える。そして，どんなにゆっくりとしたペースでもいいから，そんなスロットルワークやブレーキ解除ができるスピード配分でていねいに走る。これを徹底してやることだ。

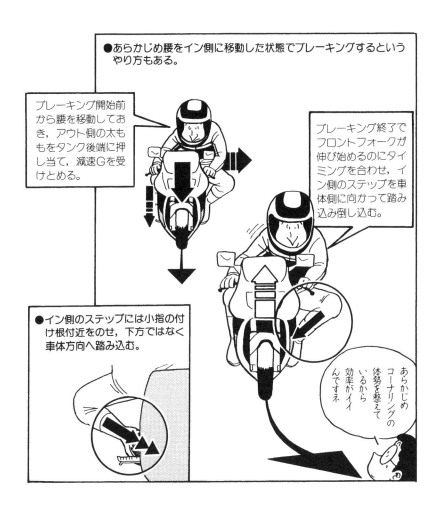

●あらかじめ腰をイン側に移動した状態でブレーキングするというやり方もある。

ブレーキング開始前から腰を移動しておき，アウト側の太ももをタンク後端に押し当て，減速Gを受けとめる。

ブレーキング終了でフロントフォークが伸び始めるのにタイミングを合わせ，イン側のステップを車体側に向かって踏み込み倒し込む。

●イン側のステップには小指の付け根付近をのせ，下方ではなく車体方向へ踏み込む。

あらかじめコーナリングの体勢を整えているから効率がイイんですね

倒し込むための体重のかけ方は，以前にも言ったとおり。イン側ステップを踏み込むことだ。それだけじゃネえ，というのなら，その踏み込みがステップの先端方向なんじゃないかな？　付け根方向だ。

よりクイックに倒し込むとか，スピードが速いときは，イン側ステップにもっと荷重したい。すると体全体をイン側へ移すことになる。が，それは脚力，それもイン側ステップを強く付け根方向斜め下に踏むことでやる。腕の力はまったく使わない。こうしないと，前後タイヤを確実に路面へ押し付けながらの倒し込みができない。バイクが曲がりにくくなるし，瞬間的にスリップしたりフレたりもする。

これをさらに進めて，倒し込む前からゆっくりとバイクにショックを与えないように体をイン側に移しておくテクもある。そのまま直進するためには，アウト側ステップを強く踏むなどしてバランスを取る。ブレーキングGに対するホールドは，アウト側の太ももをタンク後端に当てたり，イン側のヒザを開かずにニーグリップしたり，両カカトなどの，やはり下半身。この形からなら，倒し込みポイントでは，アウト側からイン側への足の入力の切り替えだけで済む。

このテクの目的は，スムーズに大きな荷重をイン側ステップにかけることで，けして力まかせにねじ伏せることではない。それに，初心者はどうもカッコを先行させやすいし，バランス取りも難しい。普通のフォームで，常に確実に倒し込めないヤツは絶対やるな！

101

■スポーツライディング④

●腰は真横に移動する。

アウト側のひざを閉じる気持ちで,
太ももをタンクにフィットさせる

●腰を落とそうという気持ちが先行するとダメ！

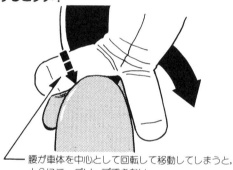

腰が車体を中心として回転して移動してしまうと,
十分にニーグリップできない

　倒し込み時に，体をイン側に移すことを，前のページで述べた。けれどもそれは，体を移動するからうまく倒し込める，という言葉ヅラとは，ニュアンスが少し違ってたでしょ。イン側ステップの付け根方向への踏み込みを強くするから，その反力で体がイン側に移る，そんな感覚でキミが倒し込んでないとしたら，必ず不自然で不必要な〝尻の移動〟をしているはずだ。踏み込みから体が移動し，結果として移動してるからより強く荷重できるという感覚。順序を大切に。

　だから，体を移動する形がどうのなんて，何も考えなくたっていい。とくに，最初のうちは体を動かそうなどとはまるで意識しないこと。それでも，ドテンとシートに座りっぱなしじゃなくて，ちゃんとイン側ス

テップを踏み込んでいけば，自然に移動していくようになるものだ。

　そこまでが確実にできて，さらに積極的に大きく体をイン側に移動するところまでいけば，これはもう，かなりのレベル。その域までキミがたどり着けたときには，次のことを注意してほしい。

　体を移していくときの動きの中心は，絶対に尻ではないのだ。尻をイン側に突き出すのでも，ましてや下方へとシートからずり落とすのでもない。それに，昔から「肩からコーナーに入れ」なんて言うけれども，肩や頭からでもない。前者は〝ヘッピリ腰〟であり，後者は無謀な〝突撃スタイル〟と呼ぶ。今まで説明してきたことを無視すると，こうなる。

●なぜ腰をイン側に移動するのか？

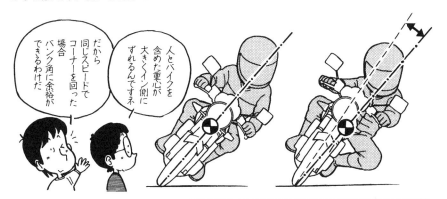

だから同じスピードでコーナーを回った場合、バンク角に余裕ができるわけだ

人とバイクを含めた重心が大きくイン側にずれるんですネ

●脇腹を張り出すように，腰を移動しよう。

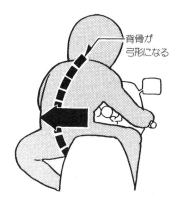

背骨が弓形になる

●腰を移動した時フラフラするのは，上半身に力が入っているから。

体重移動はステップを踏み込んで行うこと

　移動の中心は，腰のあたり。ベルトを締めるところの少し上の脇腹を，グーンと張り出すようにする。ここからコーナーに入っていく感じだ。すると当然，体全体がついていくはずだね。これ，重要。

　一方で，頭は車体中心からあまり動かさない。自分とバイクの現状を客観的に把握し，人車一体になり，次の行動に対処しやすくするためだ。尻も必要以上には動かさない。こうしていったときの後ろ姿を見ると，ライダーの背骨の線が，コーナー側に凸の弓形になる。その頂点は，さっきの脇腹だ。切り返しでは，この弓形が右に左にと反り換わっていく。尻の移動量なんてどうでもいいのであって，それがゼロでも，うまいライダーは背中をきれいな弓形にして，スイッとコーナーに入っていくものなのである。

　また，体を移動するときは，シート上面と平行にやる気持ちになること。バイクが傾いていけば，それは斜め下方になるが，それは結果であり，意識として下に落とそうとすると，不自然なことになる。

　こうした形の延長上で体の移動量を増していくと，重心のオフセットが大きくなり，イン側ステップへの荷重も大きくなり，より素早い倒し込みがスムーズにできる。イン側の足は，ステップへの踏み込み方向から，自然に開き気味となる。それでいい。無理にヒザをタンクに当てようとすると，体が外向きに回転して体が移動しない。でも，ワザとヒザを開こうとする必要も，まったくない。自然体こそがベストだ。

■スポーツライディング⑤

●コーナリング中は，常にアウト側の足で車体の動きを感じ取る。

ステップを車体側に踏み込もうとすれば，ひざは自然に開くもの

アウト側の足を車体にフィットさせ，バイクの動きを感じ取る

ブーツの底は下方ではなく，車体方向を向いている

アウト側の足は，カカトを車体に押しつけながらステップを先端方向に踏み込み，その反力で太ももをタンクにフィットさせる。

●ひざは路面に擦るために出すのではない。

こういうのに限ってあまりバンクしてないんだよネ

前のページの調子で，目的のバンク角まで傾いたならどうするか。そのままでは，イン側にペタンとコケちまう。だからといって，ハンドルをイン側へ切ったり体をコジり起こしたりしてはダメ。そんなムダな力や動きを与えると，バイクがフラつく元だ。ハイペースで走っていて，本当にタイヤの能力を一杯に使っているのなら，一発でスリップダウンする。

バイクが傾いていく動きを止めるには，傾けるためにかけていた力（体重）を抜く。それだけでいい。イン側ステップをその根元方向に踏み込んでいた力を抜けばいいのだ。そのタイミングは，目的のバンク角になったときじゃなくて，その一瞬手前。なぜなら，動いてるものが止まるには，それなりの時間がかかるから

だ。そして，ポンッと抜くのではなく，スーッと抜く。なにごとも，ON/OFF的なスイッチング操作は無用なショックを与えるから禁物なわけ。

踏み込みの力を抜くとはいえ，キミの体重はどこかへ消えるわけはないのだから，その分を他で支えなければならない。それはアウト側ステップかシートだ。たとえ完全にシートに座っても，すでにバイクは傾いているし，この章で説明した倒し込み方をしていれば体も移動している。イン側への重心移動量は十分にあるから，起き上がらない。ただ，シートに体重を載せるにしても，左右ステップへは常に多少とも体重を残しておいたほうが，素早い行動ができていい。

ここで，外側ステップに強く荷重するとか，上半身

●バンクのさせ過ぎは，危険と隣り合わせ。

やった ステップが ついた！

バンク角が 深くなれば それだけ 転倒の危険が 増すんだ

●転倒の危険が少ないコーナリングラインをとろう。

コーナーを小さく回り込み，クリ ッピングポイントを奥にとる

どうやったら バンクさせずに そして バンクしている時間を 短くできるかを 考えた方が利口だね

コーナリングスピードは 低いが，バンクしている 時間が短く，またスロッ トルをより早く開けられ るので，安全で，結果的 に速く走れる。

をアウト側へと戻さないとバランスしないとしたら，倒し込みのときの体の移動量が多すぎたのだ。だいたい，先を読み切れない公道で，極端にハングオンすること自体が間違ってる。

あるいは，バンク角が深すぎたのかもしれない。そもそもハングオンするのは，最小限のバンク角にしながら，重心移動量は稼ぐのが目的。コーナリングとはバイクの向きを変えることだ。バンク角の深さやヒザを擦るのをアピールしたいなら，ほかの本を読め！

キミがこの本のとおりにやったなら，美しいハングオンのフォームが，すでに自然にできてるはずだ。

なお，コーナリングの安定状態に収まってから，主に体重を載せる場所を，シートにするかイン側ステッ

プにするかは，キミのバイクがよく曲がるほうを選んでくれ。車種により違う。たったそれだけのことで曲がり方が変わるなんて，バイクって面白いね。

ただし，どんなフォームや体重の載せ方でコーナリングするにしろ，いつでも左右のステップにかける体重量を好きなだけ変えられること。そして左右方向の押さえができる体勢を保つこと。大きな力を入れっぱなしにする必要はないけど，外足は外側へひねるようにしてカカトやヒザ，太ももなどを，内足はカカト付近を，車体に当ててホールドしておく。尻でも一部ホールドしながら，バイクの動きを感じ取る。腕はフリーのまま。どんなに大きくハングオンしたって，やはり下半身でバイクと一体になることに変わりはない。

■スポーツライディング⑥

●コーナーの立ち上がりは，リアタイヤを滑らせないように注意する。

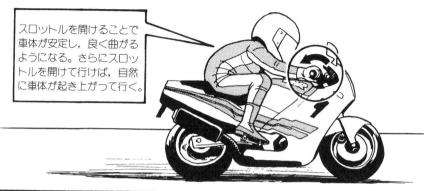

スロットルを開けることで車体が安定し，良く曲がるようになる。さらにスロットルを開けて行けば，自然に車体が起き上がって行く。

●無理矢理バイクを引き起こさない。

ぐいっ！

よっ！

スロットルを開けるだけで起き上がるのに…

●フルバンクしている時に，いきなりスロットルを大きく開けると，リアタイヤはスピンしやすい。

キュキュッ！

　倒し込んでいき，目的のバンク角までネる寸前のイン側ステップへの荷重を抜き始めるあたりで，スロットルを開け始める——だったよね。

　こうして後輪にかかっていたマイナス方向の駆動力が，プラスになる。一度はパーシャルにするにしても，それだって駆動力はゼロではなく，わずかながらプラスなのだ。プラスの駆動力がかかると，それはバイクがネていく動きをスムーズに終わらせる仕事を手伝ってくれる。前輪の切れ込みすぎを防ぎ，車体を安定させる。それまでの倒し込みという〝動〟の世界から，安定した〝静〟の世界に導いてくれる。そう，バイクにとってコーナリングというのは，直進するのに勝るとも劣らない安定状態なのだ。それが怖かったりフラつい

たりするなら，乗り方が間違っている。

　パワーオンに移ったなら，今度はどんどんスロットルを開けていく。オンの方向にのみ回転させる。

　こうして駆動力をかけていくと，車体は少しずつ起き上がっていくもの。多少なりともスピードが上がっていくので，なおのことだ。それでいい。ヘンに抑え込んだりせずに，自然に起き上がらせていく。それに合わせて，さらにスロットルを開ける → もっと起き上がる——。これが滑らかな曲線を描いた，理想的な立ち上がりだ。もちろん，イン側ステップへの荷重を抜きつつ，体も車体中心に脚力で戻していくが，感覚としてはスロットルで起こしていくのである。

　途中でスロットルを開けたり閉めたりすると，こう

●いつでもタイヤのスリップに対応する気構えでいる。

リアタイヤが滑り始めたら，アウト側のステップに荷重しながら，外足でバイクを押さえ込む。

アウト側の足のホールドができていないと，バイクを押さえ込めない。

タイヤは滑るのがあたりまえ

本当はいつも滑っているものなのサ！

基本ができてなくてかっこうだけまねているんじゃまるで意味のないことなんだヨ！

パワースライド

ハンドルオン

ハンドルオフ

ドリフト

はいかない。バンク角がフラフラと変化し，タイヤがスリップしたり前輪が巻き込んだりもあり得る。なお，こんな操作だけでは自然に起き上がらないバイクも中にはあるけど，ハンドルをイン側に切ってコジリ起こすのは，少なくとも正道じゃないな。アウト側のステップにもっと強く荷重してみるといい。

ところで，ここでスロットルを開けていくのは，バイクを安定させ，曲がらせ，起こしていくためで，必ずしも加速のためじゃない。レースなら，タイヤのグリップ限界まで開けるんだけど，キミはラップタイムを計ってるのではないだろう。少しずつ開ければいいんだ。パワーを当てる感じ。これが大切。結局は極限で走るレースだって，セオリーは同じだけどね。

パワーをかけすぎてリアがスリップしたら，パッとではなくスッと，スロットルを戻す。同時に，アウト側ステップに荷重しつつ，外足でバイクを押さえ込む。体は起こさない。こうしないと，ハイサイドになる。

こんな操作のための外足のホールドなのだ。外足をバイクに引っかけて体がイン側にぶら下がる感じで走っていては，こんな対処はできない。それが正しい外足荷重だと思い込んでるヤツもいるが，ただの体のずらしすぎ，ぶら下がり乗りだ。リーン・アウトの形でない限り，コーナリング中は常に「外足荷重」に移れる「外足ホールド」をしておくことが大切なのであり，それだけだ。通常のコーナリングでは，体重をバイクへ，なるべく内側からかけたいのである。

■スポーツライディング⑦
●S字コーナーは，ステップの踏み替えでリズミカルに切り返す。

体の上下動をできるだけ少なくしながらステップの踏み替えで切り返そう

オーバーアクションは禁物，と…

スロットルを一瞬閉じることをきっかけにして，ステップワークで切り回す。

再びスロットルを開けながら，体重をスムーズにシートへのせて行く。

　ここまでに説明してきたことを全部まとめてやるのが，スポーティな切り返しだ。右コーナーから左コーナーへの場合で説明しよう。

　右コーナーを立ち上がってきたら，切り返すべきポイントの直前で，右足を閉じてそのヒザを強くタンクに押し当てる。その反力で，それまでステップの付け根方向だった踏み込みを，先端方向に切り換える。

　左足は，逆にステップ先端方向だった踏み込みを下方に切り換える。できるものなら付け根方向に踏み込みたいところだが，まだこの段階では無理。そこでニーグリップしつつ，まずは下方に踏む。

　ここでは，両ヒザでニーグリップする形になる。そうやって両足をバシッとバイクに対しホールドしつつ，

脚力で体を右から左へ持っていくのだ。当然，コーナリング時よりはずっと強く，両ステップを踏み込む。それにより，尻はシートから浮き気味となり，それでなければ体の移動は不可能。ただし，尻をピョコンと持ち上げてしまうのは，不安定になる元だ。体の上下動は極力なくする努力をする。

　このとき，右コーナー立ち上がりで開けてきたスロットルをスッと戻す。全閉にしなくてもいいが，駆動力を確実に抜く。これでバイクが起き上がろうとする動きがグンと素早くなるし，切り返し中にも前後タイヤが路面にちゃんと押し付けられる。切り返しの中央付近で抜重になるのが，一番マズイ。そして，このスロットルオフは，キッカケとして意識しやすい。

●右コーナーから左コーナーへの切り返し。

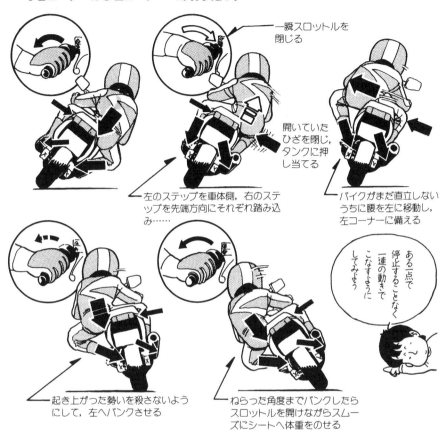

一瞬スロットルを閉じる

開いていたひざを閉じ，タンクに押し当てる

左のステップを車体側，右のステップを先端方向にそれぞれ踏み込み……

バイクがまだ直立しないうちに腰を左に移動し，左コーナーに備える

ある一点で停止することなく一連の動きでこなすようにしてみましょう

起き上がった勢いを殺さないようにして，左へバンクさせる

ねらった角度までバンクしたらスロットルを開けながらスムーズにシートへ体重をのせる

　ここまではすべて同時進行であり，これにより切り返しが始まる。切り返していく勢いのほとんどが，ここでできてしまうのでもある。この勢いを活かして一気に左までバンクさせるのだ。中央付近で止めたりはしないこと。

　さて，両ステップへの踏み込みにより，体が右から左へと移動し始める。その移動のポイントは，前に倒し込みのところで述べたのと同じ，ベルトを締めるあたりの少し上の左脇腹。ここから左へグーンと入っていく感じだ。移動の速さは，車体が傾いていくのより速くないといけないけど，スムーズさは保つ。そして，移動していって，左足でステップをその付け根方向に踏み込めるようになり次第，その方向へできるだけ強

く荷重する。その分，当然ながら右ステップにかかる体重は減り，その踏み込み反力でやっていた右ヒザをタンクに押し当てる力も弱くなる。左ヒザのほうは自然に開いてくるでしょう。それでいいのだ。

　ここまでくれば，あとは普通の倒し込みと同じ。左側への目的のバンク角になる手前で，スロットルを開け始め，左ステップへの荷重を抜いてその分をシートやアウト側ステップにスーッと載せてやる。ここで，両ステップに立ち上がるほどに腰を浮かせておいてから，一気にドンッとシートに荷重すると，一瞬は抜重の形になり，次に大きなショックがバイクにかかるので，注意すること。体重を常に100％バイクに載せながら，その載せる位置と向きの配分を変えていくのだ。

■スポーツライディング⑧

●曲がりたい方向とは逆にハンドルを切って倒し込む。

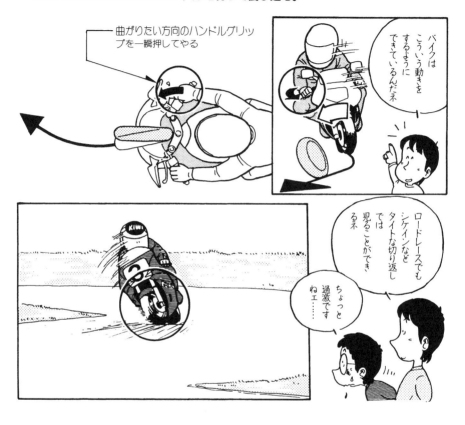

曲がりたい方向のハンドルグリップを一瞬押してやる

バイクはこういう動きをするようにできているんだネ

ロードレースでもシケインなどタイトな切り返しでは見ることができるネ

ちょっと過激ですねェ……

今までは，絶対にやるなと言ってきた，ハンドルを使っての倒し込み法を，3つ説明しよう。

第1の方法。直進しているときに，ちょっとだけハンドルを右に切ると，バイクはパッと急激に左へ倒れるだろう。このアクションを利用するのだ。アテ舵とかフェイント・ステアと呼ぶものだ。具体的なやり方としては，左に倒し込むとき，あるいは右から左へ切り返すときならば，左グリップを少し前方に押す。右グリップを引いてもハンドルはやはり右へ切れるけれど，微妙な力加減が難しいし，フロントタイヤを路面へ押しつけるのとは逆の向きに力がかかりやすいので，あまり勧めない。

これはロードレースでも，シケインなどでの切り返しで見ることができる。高速コーナー出口で，逆にマシンを立てるときに使うこともある。そしてじつは，キミもたぶん，すでに無意識ではあってもやってる。

この説明を読んで，キミはアテ舵をやっている自分を意識してほしい。そして，ステップへの荷重の不十分さを，アテ舵でごまかしていることに気付いてほしい。これによる倒し込みや切り返しは，とりあえず低レベルでは安直。しかし前輪をコジりまわしているのだから，フロントタイヤにかかる負担は大きい。転倒するときは一発だ。ハイペースになるほど，危険性は急増する。

それを承知の上で，やるときは傾けていく側のグリップを，手のひらでごく軽く押す。握るのではない。

●イン側グリップに荷重して倒し込む。

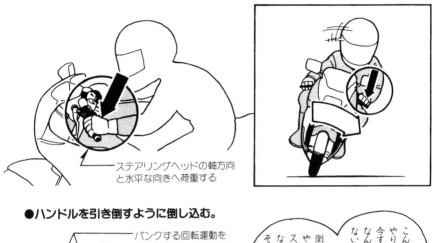

ステアリングヘッドの軸方向
と水平な向きへ荷重する

●ハンドルを引き倒すように倒し込む。

バンクする回転運動を
トレースするような方
向へ

こんな倒し込みの
やり方もあるけど
今すぐこうしてみよう
なんて思う必要は
ないよ

倒し込みのメインは
やっぱりイン側
ステップへの荷重
なんだから
それだけでも十分

経験を積んで
からでも
遅くはない
……と

ドンッとではなく、スッと押す。しかも、モーションの
起こし始めに、キッカケとしてごく一瞬だけだ。
　第2の方法。それはイン側グリップへの荷重。ステ
ップへの荷重と同じ理屈で、傾けていく側のグリップ
に体重を載せる。これが難しいのは、ハンドルを切る
ような向きの力をまったくかけずに、あるいはそれと
分離してやらなければならない点。ステアリング・ヘ
ッドの軸方向にのみ荷重するのだ。荷重してる最中も、
前輪の向きがバイク側の望む方向へ自然に定まるよう
に、その動きを妨げないようにしなければならない。
この荷重をやりながら、その初期に同じグリップを前
方に押すと、アテ舵も同時にできることになる。
　第3の方法。アウト側の足でバイクを押し倒したり

引き倒したりするのと同様のことを、ハンドルバーを
使ってやる。この場合は、左右どちら側のグリップを
使ってもいい。が、そのとき、ハンドルを切るような
向きの力や、荷重する向きの力を、まったくかけない
か分離してかける必要がある。それも、単に横ではな
く、傾いていくバイクの回転運動に合わせ、前後から
見て円をトレースするような力のかけ方。ステアリン
グ・ヘッドを持って倒すかわりに、グリップを取っ手
として使うのだ。イン側グリップでやれば、アテ舵と
荷重も、3つの方法を片側のグリップで同時にできる。
　3つとも、かなり難しいテクだ。そして常にメイン
はイン側ステップへの荷重で、その補助に使うにすぎ
ない。こちらを先行させると、必ず本質を見失う。

111

■ウィリー①

●ボディワークでフロントタイヤを浮かせてみよう。

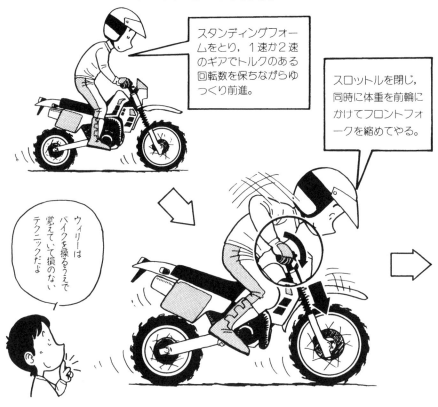

スタンディングフォームをとり，1速か2速のギアでトルクのある回転数を保ちながらゆっくり前進。

スロットルを閉じ，同時に体重を前輪にかけてフロントフォークを縮めてやる。

ウィリーはバイクを操るうえで覚えていて損のないテクニックだよ

　ウィリーは，誰が見てもじつにハデなバイクならではのテクだね。でも，ハッキリ言って，トライアルの競技でもやらない限りは，できなきゃ困る場合なんてまったくない。ただし，ウィリーができればギャップや登り坂の頂上付近で前輪が浮いてしまったとしても慌てないで済む。浮かなくても，フロントタイヤが地面に押し付けられる力が少なくなったようなときだって，それなりにコントロールできる。また，浮かせられるのなら，浮いたり浮き気味になった前輪を逆に地面へ戻すこともできるはずだ。ラフロードを走るのなら，たとえ林道をのんびりツーリングするのにも役立つし，オンロードでも似たような状況は起こり得る。バイクというものの動きを知り，それを自分の意志で操

るために，知っておいて損はないテクだ。
　そのウィリー・テクにはふたつあって，まずはクラッチを使わない方法。
　広くて安全な場所で，両ステップに立ち上がった完全なスタンディングフォームを取りながら，なるべくゆっくりと直進する。ギアは1速。トライアル車なら2速でもいい。ここで完全な安定状態にする。
　次からが問題だ。立て続けに大きな動きや操作をパッパッと決めなくてはならないから，心を静めてよくタイミングを見定めてからかかること。やり始めたら考えてる時間などない。切り返しと同じだな。最初は「ヤッ」とか，声を出してみるといい。
　で，「ヤッ」と体を一気に前へ持っていく。上体だけ

112

ではない。腰、そうだ、何回も言ってきてるベルトを締めるあたりから、グンとハンドルに体重を載せるつもりで、目一杯に体を前に出す。もちろんそれは感覚の問題であって、体重は腕を通してハンドルから前輪へとかける。これは、ゆっくりとではダメで、勢いよくやる。その中に、ドカッではなくクイーンという感じが作れれば最高だが、まあ最初は無理だろう。

それと同時に、スロットルをスパッと戻す。少し加速気味できて戻したほうが、なお勢いがつく。この体重移動とスロットルオフにより、フロントフォークは大きく沈み込むことになる。

沈んだフォークはしかし、体の動きとスロットルオフの勢いが消えた次の瞬間には、伸び上がり始める。

そのときだ。間髪を入れずに次の行動に移る。「ヤッ」の次に「トッ」だ。

一気に腰を、後方に強く引く。その勢いで、ハンドルを引く。同時にスロットルをグイッと開ける。フォークの伸び上がる勢いと後輪駆動反力で、前輪は浮き上がるのだ。ここで覚えてほしいのは、フォークの動きを完全に知ることと、それにピタリと合わせるスロットルワークで、これはどんなときにも役立つ。重要なバイクのコントロール要素なのだ。これがつかめると、大きな体の動きをしなくても、トライアル車ならスロットルワークだけでも、前輪を浮かせられる。

後ろにひっくり返らない程度に、とにかく最初は前輪を浮かせることにチャレンジしてみてくれ。

■ウィリー②

●クラッチを使ってフロントホイールを浮かせることもできる。

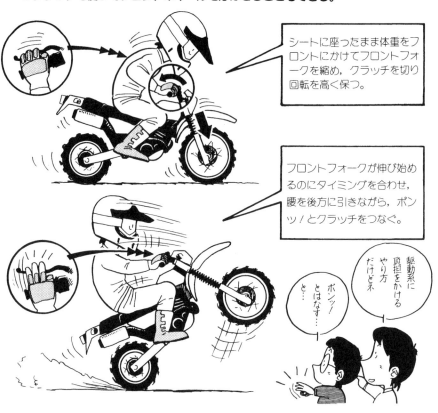

シートに座ったまま体重をフロントにかけてフロントフォークを縮め、クラッチを切り回転を高く保つ。

フロントフォークが伸び始めるのにタイミングを合わせ、腰を後方に引きながら、ポンッ！とクラッチをつなぐ。

駆動系に負担をかけるやり方だけどネ

ポンッ！とはなす…と…

前のページのトライアル風ウィリー方法は、トライアル車か軽いトレールバイクでないと、完全に前輪を浮かすことは難しい。一方で、これから説明するクラッチを使ったウィリー法は、どんなバイクでもできる。

トライアル風と同じく、1速ギアでゆっくりと直進するところから始めよう。停止状態からでもできるけれど、ステップに両足ともに載せていないと、前輪が浮いてからのコントロールが難しくなるし、急激に前輪が上がりやすいので、走りながらのほうが楽。

トロトロと直進しながらバイクを安定させたところで、クラッチを切る。そして、エンジン回転を高めに保つ。フル回転などさせる必要はなく、それではバック転してしまうので、そこそこに回す。そこから、ク

ラッチレバーを、ポンッと急激に放すのだ。クラッチミートの瞬間に、それまでのエンジン回転の勢いが一気に後輪にかかり、その駆動反力で前輪が浮く。

少し慣れたら、直進状態から最初にスロットルをグイッとひねり込み、それとほとんど同時に、クラッチをちょっとだけ切る。ウワッとエンジンが吹き上がり始めたらすぐに、パッとクラッチをつなぐ。このやり方のほうが、いつでも即座にウィリーできる。

ここでは、誰がやっても、とにかく前輪が浮くことは浮くはず。ポンッと瞬間的に浮かすことは、ごく簡単なのだ。ライダーはシートに腰を下ろした普通のフォームのままでもできる。後ろ寄りに座るとなお浮かせやすい。タイヤのグリップがよくないダート路面な

●市街地走行への応用。

しっかり!

ブォォッ!

オンロードモデルでは、重い車重やトルク特性などでフロントタイヤは上がりにくいだろうネ

つんのめるような段差も…

ドン!

フロントの荷重をぬいてやれば楽に越えられる

でもウィリーの要領でフロントの荷重をぬいてやれば楽に段差越えが出来るよ

応用ですネ

どでは、たとえトレール車などであっても、このクラッチ方式だけでは後輪が空転してしまい、前輪が浮かないこともあるが、そんなときはトライアル方式の荷重移動テクを併用する。それほどオーバーにやる必要はないけど、尻をシートから浮かさなくても、上体をウィービングさせたりしてみる。

ウィリーで難しいのは、前輪が浮き上がり始めてから先だ。ここから先は、クラッチ方式もトライアル式も同じ。浮き上がるのにつれて、スロットルを戻していき、バイクが立っていく勢いを殺してやる。そして目標のウィリー角度でバランスさせる。これ、すべてデリケートなスロットルワークでコントロールするのであり、普段から気合いだけでグイグイと右手をひ

ねって走ってるヤツには難しい。トライアル式では、体を前後左右に動かしてのバランス取りもかなりできるが、クラッチ式でシートに座ってるとやりにくい。

前輪を降ろすときは、ドタッと落とさずに、ストッと着地させるよう心がける。スロットル操作を主にしてやるのだ。そうすれば、バイクを痛めないし、スロットルワークのトレーニングにはとても役立つ。そこではハンドルを真っ直ぐにしておくこと。それに、ブレーキレバーは握らないように。

なお、ウィリーしている最中に、バック転しそうになったら、慌てずにリアブレーキを踏め。必ず前に戻る。そんなときに限らず、常時リアブレーキで姿勢をコントロールし安定させるのも、いい方法だ。

■ジャンプ

●空中での姿勢を大切にして，ジャンプに挑戦！

腰を低く構えながら，踏み切りへ加速気味で入る。

離陸する瞬間にスロットルを多めに開けてやったり，腰を後方に引いたりしてフロントを持ち上げる。

●フロントからの着地は，危険な状態に陥りやすい。

腰を引いてないからだ

前のめりに大転倒だ

ジャンプにしてもウィリーと同じく，トライアルやモトクロスをやらない限り，できなけりゃいけないテクでもない。でも，車体姿勢をコントロールするノウハウは，そこから学べる。

ジャンプする予定のポイントの手前では，加速気味でいることが基本だ。フル加速などする必要はないし，スピードが乗りすぎては危険だけど，バイクを安定させてジャンプに備えるために，加速気味にする。ライダーは中腰姿勢を取り，車体の姿勢コントロールをしやすく，また路面からのショックを吸収しやすくする。

ジャンプポイントの少し手前で，スロットルをパーシャル状態かそれよりわずか加速気味にする。次に行う車体の姿勢コントロールをするためだ。

ここからが問題。離陸する地点の路面と，着地点路面の，双方の水平に対する傾き関係によって，やるべきことが変わってくる。最終的に，着地点でバイクが路面とほぼ平行になるように持って行きたいのだ。また空中では，極端な前のめりや前上がりの形ではコントロールしにくいのは当然で，ここは水平に近くしたい。そういう車体姿勢に持っていく操作は，離陸時がカンジン。だから地形をよく見極めることだ。

もし極端な前のめり姿勢のまま着地すると，前輪1本に大きなショックが集中する。これでどうなるかは，キミにも分かるね。ハデな前転ゴケで，これは痛い。

前上がりの形では，前下がりほどヤバくはないにしても，やはり後輪1本で大きなショックを受けるので

離陸したらスロットルを閉じ気味にし，腰をフロント側に移動しつつ体をリラックスさせて，着地のショックに備える。

リアから着地し，一瞬遅れてフロントが着地するようにする。

ひざとひじでショックを吸収し，スロットルを開けて加速する。

ジャンプ中はフロントがリアよりやや高くなった姿勢が基本

●ジャンプのやり方を知っていれば，オンロードを走っていて突然断差が現れてもあわてずにすむ。

オンロード車でジャンプするとサスペンションが簡単に底づきして大きなショックが来るので覚悟！

不安定になりやすいし，バイクも痛める。その後にスロットルオフやリアブレーキを使うなどで前輪をドンと落とすと，ここでもショックあり。もちろんすぐにスロットルを開けられないし，そうでなくても極端な前上がり型着地は，後転ゴケの可能性もある。

わずかに後輪から先に，しかしほぼ前後輪同時に着地し，両輪でショック吸収。これが原則だ。

離陸点が下りか水平で，着地点は水平か登りの場合。離陸直前にスロットルを開け，腰を引く。トライアル風ウィリーの要領だ。スロットルの開け方と腰の引き方の加減で，先の車体姿勢に持っていく。離陸したらスロットルは戻し気味にするが，急に全閉にすると車体前部が下がるし，着地時に後輪回転が車速と合わず

にショックが出る。スッと適度に戻す。空中で前下がりになったら，ステップを踏み込んでハンドルを引けば修正できる。着地時は，ヒザでショックを吸収し，前後サスが落ち着くのに合わせて加速に移っていく。

これがジャンプの基本形。離陸点がわずかに登りだったりしても，一般にバイクは空中で前下がりになりやすいものだ。とくにオンロード車はフロントが重いので，前下がりに気を付ける。

しかし，離陸点が急な登りとか，着地点が急な下りなどの場合，この方向でジャンプすると，着地点でサオ立ちとなる。そこでは，離陸点でスロットルを戻し気味にするのだ。ただし，体を前に移すことはしない。あとのコントロール，とくに着地がヤバくなる。

■タイト・ターン

ひえぇ〜っ!
曲がれないよ〜。

苦労しないで
バイクの方向を
変えられる
方法が
あるんであーる

●リアタイヤを空転させて,アクセル・ターン。

バイクを傾けさせるだ
け傾けて,回転を上げ
ポンッとクラッチをは
なし,リアタイヤを空
転させる。

ハンドルを体に引きつ
けるようにしながらタ
ーンし,クラッチを切
りスロットルを閉じて
終了。

フロントタイヤ
はイン側いっぱ
いに切っておく

地面についた足を中心に回
転する

タイト・ターンのテクニックを,3つ紹介しよう。
　第1は,アクセル・ターン。砂地などフラットで滑
りやすいところで練習する。エンジンを始動し,クラ
ッチを切ったまま,ギアを1速に入れ,車体が直立し
た停止状態から始まる。そこから曲がろうとする側,
たとえば左ターンなら,ハンドルを左へ大きく切りつつ,
左へスッとバイクを傾ける。力ではなく,バイクの重
さで傾ける感じ。右足はステップに載せてニーグリッ
プの体勢だ。左足は一瞬浮かせてから,前方左側へ踏
み出す。真横に踏み出すと,あとでホールドが苦しく
なる。前後ブレーキは一切使わない。
　ここまでほとんどが同時操作だ。バイクはスーッと
傾いていくが,体はリーン・アウトの形で残す。左足

を確実に踏んばる。バイクを深く傾けるほどにやりや
すいので,思い切って傾ける。で,目標のバンク角付
近で,手にバイクの車重を感じ始めた瞬間に,スロッ
トルを大きく開けながら,クラッチもポンと放す。
　これで,後輪はスピンを始め,左足を軸にバイクは
回転する。腰がバイクと離れないようにし,ハンドル
を引きつけつつ,右足にはステップをアウト側へと蹴
り出す力をかける。目差すところまで向きが変わった
ら,パッとクラッチを切りスロットルを戻す。後輪が
グリップすることで,バイクが起き上がろうとするの
に合わせ,右足を垂直方向に踏み込む。バイクが直立
して終了。クラッチのオンとオフのタイミングさえビ
タリと決めれば,傾いてるバイクを支える力は不要だ。

●リアタイヤをロックさせて，ブレーキ・ターン。

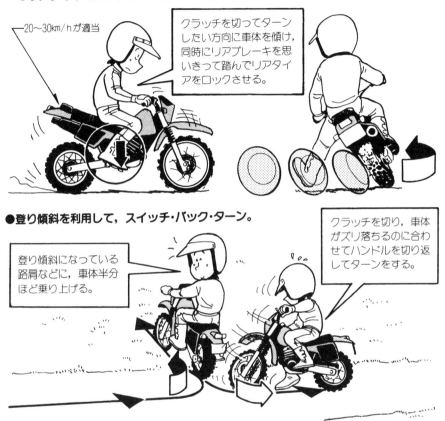

20〜30km/hが適当

クラッチを切ってターンしたい方向に車体を傾け，同時にリアブレーキを思いきって踏んでリアタイヤをロックさせる。

●登り傾斜を利用して，スイッチ・バック・ターン。

クラッチを切り，車体がズリ落ちるのに合わせてハンドルを切り返してターンをする。

登り傾斜になっている路肩などに，車体半分ほど乗り上げる。

　第2のテクニックは，ブレーキ・ターン。最初は20〜30km/hくらいのスピードで始めるといい。左ターンが楽なので，これで説明する。直進してきて，左に車体を傾ける。リーン・アウト気味のフォームから，右ステップを踏ん張り，右ヒザから体重をタンクに載せる外足荷重体勢に持っていく。同時に，ハンドルを意識的に左へ切るようにする。

　そしてまた同時に，クラッチを切ってリアブレーキを強くパッと踏み，後輪をロックさせてスライド。バイクが完全に止まってしまう直前に，リアブレーキを離すと，力を使わずに車体を起こせる。左足は地面についてもつかなくてもいい。

　アクセル・ターンは，林道など狭いダートでよく使うテクだ。ブレーキ・ターンは，走行状態から停止しながらターンするのに便利。しかし，オンロードでやるとタイヤは減るし，傍目に下品だね。その点，これから述べる第3のテク，スイッチ・バック・ターンは，路面形状さえ備わってれば，ぜひオススメだ。

　路肩に登り傾斜のドテ状のものがあるところで使うのだ。ドテが左側なら，まずゆっくりと左にハンドルを切ってそのドテに車体半分ほど乗り上げる。ここで左へ，90度ほど向きを変える。次に，クラッチを切り，バックさせる。右足をつき，右にハンドルを切ってスイッと下がると，もう左へ90度，計180度のターン終了。ドテを使わなくても，坂道の傾斜を使ってもできる。タイヤは減らないし，うるさい音もしない。

■ハイレベルなライディングとは？

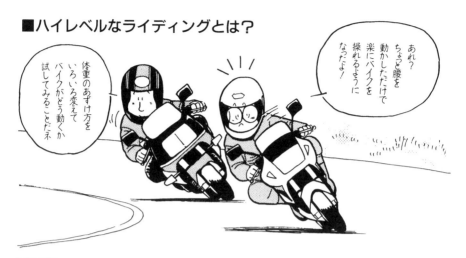

あれ？
ちょっと腰を
動かしただけで
楽にバイクを
操れるように
なったよ！

体重のあずけ方を
いろいろ変えて
バイクがどう動くか
試してみることだネ

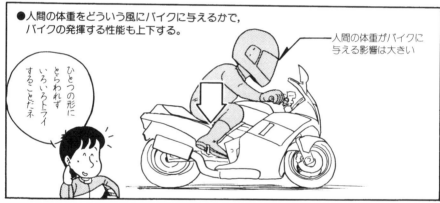

● 人間の体重をどういう風にバイクに与えるかで,
バイクの発揮する性能も上下する。

人間の体重がバイクに
与える影響は大きい

ひとつの形に
とらわれず
いろいろトライ
することだネ

　アクセル・ターン, ジャンプ, ウィリーといったテクニックも解説してきたけど, それを単に目立つためのアクションとして多用しないでほしい。まあ, 少しくらいはいいでしょ。でも, ところかまわずそんなことをやると, 羨望の眼どころか, 白い目で見られるだけ。そして, カッコつけようという気持ちばかりが先行してると, 本物のテクを見失ってしまいやすい。これはハングオンでのコーナリングとかでも同じだ。

　ジャンプやウィリーでも, そこでスロットルワークの難しさを知り, スロットルのほんのわずかな操作でバイクの姿勢や前後輪荷重が大きく変わる, いや変えられることを知ってほしい。それを意識してやるかどうかで大差が付く。そこで得たものを真底から理解するなら, ウィリーだって, オンロードの高速コーナリングにさえ活きてくる。

　何を理解するか。それは, バイクという道具が生まれついて持つ特性である。それに逆らっても意味はなく, 活かすことがテクニックだ。その要となるものが, スロットルワークと体重のかけ方。極論すれば, バイクを操る要素なんて, このふたつだけである。

　スロットルをどういうタイミングで, どんな調子で開け閉めするか。これは初級ライダーとしての第一歩でありながら, キミがバイクに乗り続ける限りは永遠にチャレンジし続けなければならない, 難しい問題なのだよ。うまくやれば, 軽いスラロームなどはほとんどスロットルだけで曲がる感じになる。

公道で何キロ
出したとか，
どこまでバンク
させられるとか
なんて
ハイレベルな
ライディングとは
言わないんですね

いろんな制限
のある公道で
競争して，
誰が速い遅いなん
てナンセンス
だよネ

ドヒュン!!

なんとなく
バイクを
操るっていう
感じが
わかってきま
したよ…

そうなると
もうバイクを
やめられなく
なるのサ！

　そして，体重のかけ方。ライダーの体重は急に増減
できるものではなく，まあ一定。その重さをかける場
所は，シートと左右のステップ，基本的にはそれだけ
だ。あえて言っても，あとは左右のグリップと，ガソ
リンタンクの側面を補助的に使うくらい。その各所に，
一定重量の体重をどう配分して，しかもどの方向に向
けてかけるかだ。これでバイクは高性能にもなり，危
険なオモチャにもなる。どんなにリキんで力を入れた
つもりになっても，体重が変わるわけではないので，注
意したい。
　そんなスロットルワークや体重のかけ方の工夫は，
1日やひと月で覚えられるはずもない。だからといっ
て，ワインディングに通ってカッ飛びまわらなくても

いい。いや，週に1回くらいカッ飛ぶだけではダメな
のだ。毎日乗るとき，どんなにゆっくり走っていても
コントロールする意識，トレーニングの意識を持つこ
と。自分なりにあれこれやってみることだ。
　この本を参考にそんなトライを続けると，やがて自
分のバイクには，こんな乗り方が効果的みたい，と気
付くこともあろう。バイクにより特性が違うのだ。ま
た，オレの体にはこんな乗り方が，ということも見つ
かるだろう。結局は，キミとキミの愛車に見合った乗
り方は，キミ自身で創造するしかないのだ。
　ただし，どんな乗り方であろうとも，その根底にあ
るものが「高効率」であること。それが，ハイレベルな
ライディングというものなのである。

§5 どんな装備をするか,どんなバイクに乗るか

あなたはもうバイクを持っているかな。ヘルメットはどう。ちゃんとした装備をしてる？考えていた通りに楽しめるバイクだったかな。失敗したなんて思ってないかい。バイクって高いんだ。これがグローブひとつ買うんでも,財布からお金を出す時はちょっとした決断がいるものさ。だから,これらは勢いで買っちゃダメ。当たりの場合は幸運と思え。ハズレだったらこれは悲惨。じっくり考えて,いいバイクといい装備。これだね,これ！ （村井）

■ どんなバイクを選ぶか ①

●オートバイの種類による選択。

〈オンロード車〉
舗装路を快適に走ることが目的。スポーツ性に優れたレプリカモデルやイージーライダーをイメージしたようなアメリカンモデルなどに分かれる。

〈トレール車〉
でこぼこ道を快適に走れるように，軽量，ショック吸収性に優れたサスペンションが特徴。

〈トライアル車〉
道なき道を走れるように，超軽量車重，出力は低いが低速で粘るエンジンが特徴。

代表的な3タイプだ

　ライダーの仲間入りをするためには，必ず手に入れなければならないもの。当たり前だけれども，それはバイクだ。で，どのバイクがいいかと，あれこれ悩むことになる。カタログを色々と集めたりしてね。とても楽しい時期だし，頭の中はもうバイクのことで一杯。カッカと熱くもなる。そしてあるいは，「オレはもう買うモデルは決めちゃってるんだ」という人もいるんじゃないかな？　そんな夢中の楽しみの最中に水を差すようで悪いんだが，ちょっと待った。ここでもう一度だけ，頭を冷やしてみてくれ。

　実用性がどうの，なんて話は今さら聞きたくもないかもしれない。それに，現在のバイクはどれもよくできているから，誰が乗ってもどこを走っても，それなり

には走れる。たとえスーパーカブでだって日本一周はできるし，ワインディングも走れる。林道だって，通過することは不可能じゃないだろう。とりあえず走れるのなら，あとはスタイルやメカ，それに走りの性格なんかが，自分の好みにピッタリのやつに乗るのが一番楽しいし，面白い。

　そう，楽しければいいのだ。それにある意味では，バイクなんて夢を買う乗り物でもある。他人がどういったところで，実用性がどんなに低かったところで，本人のキミが面白ければ，それがキミにとっての最高のバイクなのだ。最後の決定権はキミにある。

　だが，問題は本当に楽しめるかどうかなのだ。カブで日本一周や林道走行をするのにも，そりゃあチャレ

●目的に合ったバイクを選ぼう。

どうして
このバイクを
買ったの?

ワインディング
ロードを
華麗に
走りたかった
からですよ!

CAMPAIGN!

BIK

例えば
こんなことがあるから
どんな目的で
バイクを使うかを
よーく考えてから
決めようネ

1人で
何台ものバイクを
持てればネ…

オンロード車でラフロードは走りにくい

トライアル車で長距離ツーリングはキツイ

ンジする面白さってやつはあるけれども，ま，それは
特別でしょう。カブの例は極端に思えるかもしれない
が，似たようなことが，各種のスポーツバイクにもい
えるのだ。

自分がもっとも走ってみたい，やってみたいと憧れ
ているライディングシーンを夢想する。それがどんど
ん頭の中で大きくなり，ひとり歩きし始める。ついに
は，雑誌に載っているレース写真とかのような走りが，
実際に，そして毎日いつでもできてしまう気分にな
る。紙の上で考えるのと現実との間には，必ずギャッ
プがあると思え！　現実は，いやでもキミの前に立ち
ふさがる。夢がただの夢に終わり，苦痛を引きずって
走るだけなんて，あまりにもったいない。

たとえば，オンロード車の中で主流となっているレ
プリカと呼ばれるジャンル。使用目的を絞ったものが
多いスポーツ車の中でも，これは他のジャンルよりと
くに汎用性が低い。車種により程度の差はあるが，乗
り心地やライディングポジションが長距離走行でかなり
苦痛になるし，ふたり乗りもしにくい。そして，ワ
インディングでの速さや楽しさは，実際にはベーシッ
クスポーツ以下のことも多い。見た目からの予想と現
実とでは，楽しさも違うことがある。

キミが実際に最高に楽しめる状況での楽しみの大き
さと，そのためにガマンする現実とを，よく較べてほ
しい。その配分はキミ次第だが，とくにレプリカ車は
カタログ上での魅力が大きいので気を付けたい。

■ どんなバイクを選ぶか ②

●エンジン型式の違いによる選択。

●4サイクルか2サイクルか。

〈4サイクル〉
トルクのつながりが良く，広い回転域にわたってスムーズに回り扱いやすい。燃費が良い。低周波の排気音も魅力。

〈2サイクル〉
有効トルクバンドは狭いが，高トルクであり鋭い加速感が楽しめる。車重は軽め。排気音は高周波。

　エンジンの種類からバイクを選び出すっていうのもひとつの方法だな。こいつでバイクの乗り味のかなりの部分が左右されるし，エンジン・フィールを楽しむ乗り物という見方だってできるくらいだ。

　で，バイク用エンジンの場合は，2サイクルと4サイクルのふたつの機構タイプが，ともに元気であり，どちらがエライということもないのが現状。それぞれに利点と欠点があるのであって，まあ，好みの問題なのだ。しかし，ろくに乗ってもみないで，オレはこっちしかない，てな具合いに頭から決め付けてしまってるライダーも，すごく多い気がする。双方の良さを冷静に理解してから選ばないと，損ですゾ。

　4サイクルは，エンジンの回り方が安定性指向であ

るところが特徴。一定の回転（速度）で走っても楽しめるし，長時間を走り続けるツーリングが主目的なら，こいつを勧める。ワン・ギアでカバーできる速度域が広くて，回転が伸びていく感じもいいので，ワインディングもスムーズにクリアできる。

　一方の2サイクルは，エンジン回転が運動性指向である。スロットルを開けると，即座にパッとトルクが立ち上がり，強烈なトルクでキューンと加速する。高いトルクを発生する回転域が狭いことなどで，乗り手のウデがないと本来の能力を引き出しにくい面もあるけど，そこがまた面白さにもなる。オンロードにしろダートにしろ，短時間のカッ飛び走りをエンジョイするなら，こいつではないだろうか。

●シングルか,ツインか,マルチか。

エンジンの気筒数から選ぶ考え方もある。しかしここでも、気筒数が多いほどエライといったように頭から決めてかからないことだ。ＤＯＨＣだの何だのという構造も含めて、複雑なメカニズムほど高級と考えがちだけれども、またそんなメカを所有するのはバイクの楽しみのひとつではあるけれども、機械としては、同じ性能を発揮するならばよりシンプルなほうがエライということは、知っておくベシ。

まあ、なにせ楽しければいいのだから、エライかどうかなど、どうでもいい。結局は、乗ってどうかのフィールである。そしてそれは、排気量とのからみ合わせで考えなくてはならない。

たとえば単気筒。回転数を上げにくいので馬力の面では不利だし、低回転で、ギクシャクもしやすい。狭い回転域での高トルクで、ググッと押し出されるところが面白み……というのが一般論。しかし、250ccくらいまでなら、10000ｒｐｍくらいは楽に回ってけっこうフレキシブルなのが多い。

４気筒マルチは、極低回転から高回転までスムーズに……ではあるが、現在のこのタイプは最高馬力重視型が多く、400cc以下では10000ｒｐｍ以上は回さないとトルクが薄いとか、スロットル・レスポンスもシビアになりがち、といった具合だ。

そしてこれらも、そんな傾向にある、というだけのことでしかない。Ｖ型とかの気筒配置による差もある。1台ずつ違うその味は、やはり乗って確かめるべきだ。

■ どんなバイクを選ぶか ③

●排気量による選択。

〈小排気量車〉
出力は小さいが，車体は小さく軽いので，取り回しが楽。

〈大排気量車〉
出力は大きいが，車体が大きく重くなる。

50cc	125cc	250cc	400cc	750cc
30km/h	制限速度 60km/h			
高速道路を走れない	高速道路を走れる			
車検がない			車検がある	

キミはたぶん，限定解除の自動2輪免許は持ってないだろうから，となれば，400cc以下の排気量からバイクを選ぶことになる。今では，400ccマルチといえどもずいぶん軽くなったし，足つき性もいい。よほどのチビでない限り，まず普通には走れるはずだ。自分の好みやライフスタイルに合ったものを自由に選べばいいだろう。楽しくなければバイクじゃない。

しかし，現在の瞬間をフルに楽しむだけではなく，本当にうまくなりたい，テクニックを磨いていきたい，というようにキミがもし考えているとしたら，選択のアングルを少し変えてみるのもテだ。400ccマルチに乗ってたらうまくなれない。なんてことはいい切れないけど，それは比較的に重くて大きい。エンジンパワ

ーはあるが，まず公道ではそのすべてを使い切れないくらいにありすぎるし，ごく高回転でのみパワフルな性格でもある。そういうのに乗って「いや，オレはフル性能を使ってるぜ。高速道路で190km/hも出したし」なんていってるヤツは，ただ乗せられてるだけの見本。そうやって楽しむのも勝手だが，少なくともそれではうまくはなれない。

250ccのレーシーな2サイクル車も同じ。こちらはグンと軽いけれども，パワフルながらピーキーな性格のエンジンで，ともすれば"乗せられパターン"に落ち入ることになる。バイクに乗り始める一番大切な時期に，コーナーではオッカナビックリのギクシャクしたスロットルワークで，高速道路やシグナルGPだけエ

●いきなり大排気量車に乗ると…。

トロ
トロ....

ビィィィ

重い、車重と
大出力を
扱い切れないよ

高い、買い物
をして
宝の持ちぐされ
ですネ

●最初は125ccから始めよう。

車重が軽く
扱いやすい

車の流れにのるだけ
のパワーがある

維持費が安い

125cc

最初の愛車は
125ccがいいと
思うよ

まずはバイクに
慣れることから
始めないとネ

●徐々にステップアップして行こう。

125 ➡ 250 ➡ 400 ➡ 750!

扱い方を
体得すれば
小柄なライダーでも
ナナハンを
乗りこなせるよ

イヤッ！では，常にバイクを自分のコントロール下に置くという思考が育たなくなる可能性もある。またそんなレーシー・モデルでは，かなりのウデとペースで飛ばさないと，そのバイクが持つハンドリングのいい面が出てこない傾向にもある。

400ccにしろ250ccにしろ，そうした売れスジのモデルを完全否定するわけではない。各社の主力商品だけあって，サスペンションなどにも手間とお金をかけた良い物が付いている。初心者だからこそ，最先端技術が注がれた最高のバイクに乗ってほしいとも思う。が，その最高の意味が，サーキットをより速くの方向だけに向いているとしたら，ちょっと問題だ。とくにそのライディングポジション。強い前傾は，全屈でフル加速するのにはいいけど，公道で初心者が乗るとハンドルにしがみつく形の最悪パターンになりやすい。このポジションは重要である。

そこで，どちらかといえばマイナーなモデルに目を向けてみる。125ccや4サイクル2気筒の250ccといったようなやつだ。そいつで，エンジンパワーをフルに使い切ることを覚える。必ずしもピークパワーだけではなく，下から上まで全域を使うのだ。適度な重さと大きさの車体も，振りまわすのではなく，体でていねいにコントロールする。マイナーだけに，そういったバイクはカッコがダサイとか，サスが安物ということもあるのは困りものだけど，キミがうまくなりたいのなら，最初の1台は練習用と割り切るのも一案だ。

■ どんなバイクを選ぶか ④

● カタログデータだけでバイクを選ばない。

● 実用性も考えよう。

バイク選びに夢中になると，専門誌に載ってる広告やテスト記事なんかを，穴のあくほど見る。カタログも集める。当然，そのくらいの情報収集はやってるだろうね。でも，そうしていくうちに，数字ばかり飲み込むように暗記してみたり，トラクションとアンダーステアのキャンバー・アングルによる旋回性がどーのなどと，自分でもよく分かんない単語をつなぎ合わせてバイクの性格を決めつけたり，そんな頭デッカチの状況になってはいないだろうか。乗るのはキミだし，走るのはキミの目の前にある普通の道なのだ。

それに，資料に載っている情報の中から，自分に都合のいいものだけを，都合のいいように解釈してしまってはいないだろうか。テスト記事に『あそことここ

はあまりよくない』なんて書かれていても，それがお気に入りのモデルだと「ちょっと不都合なだけなんだよね，まあいいじゃない」である。それが『ここは少しいい』という部分を，ほんの１行でも見つけようものなら「そーなんだよ，ここがスゲーんだ」てな調子になる。読み手の本人が意識しないでそういう片寄った解釈をしてしまうから，なおのことマズイ。

もっと冷静さを心がけて，情報をチェックすべきだ。表面の字ヅラを見るだけではなく，その奥にあるものを読み取るようにしなければ，真の情報はつかめない。

そんな具合いにテスト記事を読むときには，その書き手と，記事が載っている本の性格も，考えに入れたほうがいい。バイク専門誌のテスト記事には，事実を

●いろいろな情報を集めて。

雑誌のテスト記事

あこがれのバイクを前にして興奮すると思うから冷静にネ

先輩に相談

販売店に行って実車に触れてみる

●後々のメンテナンスのことも考えて，信用ある販売店を選ぼう。

いらっしゃい！

ウデガイイと評判のメカニック

こんわーっ！

あそこのバイク屋はウデがイイぞ

ありのままに正確に伝えようとか，試乗して感じたフィールを読者に分かってほしいとか，そんなジャーナリズム意識の低いものもあるからだ。誠実さがないと思った記事など，さっさと読むのをやめたほうがいい。時間のムダだし，キミの頭が混乱するだけだ。

アテになりそうな記事は，ジックリと読み込む。書き手がどんな走り方をし，どんな性格なのか，本心ではどう感じていて，最終的にはそのバイクが好きなのか嫌いなのかまで判断する。そこから「ああ，自分が乗ったら，きっとこう感じるだろうな」というところまで持っていく。書き手とキミをイコールで結ぶのではなくて，書き手の見方から現実を探り，自分の見方を導き出すのだ。

その場合，何人か複数のレポーターの記事を読んだほうがいい。探りを入れるアングルが多いほうが，現実はつかみやすいからだ。そして同じようなとらえ方で，友人や先輩などの意見を聞くといい。役に立つ情報ならば，多いにこしたことはない。それでも，情報は常にウ飲みにせず，自分の立場に置き換える思考作業を忘れないように。

最後の決定はキミ自身の判断でしかないけど，一番頼りになるのは，バイク屋のオヤジや店員かもしれない。経験があり，いろんなバイクに乗ってるし，ライダーのタイプを見る目もある。機械物だから，あとあとのこともあるし，店がまえの小ぎれいさではなく，人間性でいい店を捜して通ってみることだ。

■中古車の買い方

●事故車，転倒車は避けよう。

中古車は何といっても価格が安いのが魅力！

ただし変なバイクを買っちゃうと大損だよ

年式の割に一部だけ新しいなんてのはそこに何らかのショックがかかって交換した証拠

手ばなし運転でまっすぐ走らないバイクはフレームやフロントフォークが曲がっているゾ

ハンドルを軽く切ってみて引っかかりがあるものは要注意

カクッ

　免許を取って最初のバイクは中古車，というのも悪くない。どうせコケたりしてすぐにキズを付けてしまうものだし，とにかく一度乗ってみないことには，どんなバイクが自分に合っているのかも本当のところは分からない。ならば割り安な中古で十分，となる。
　しかし，何でも動けばいいんだ，といった足がわりバイクを捜すのではない限り，古くてガタガタのやつやあちこちの作動が悪いのは，どんなに安くても絶対に買わないこと。とりあえずは走れるにしても，バイクに乗り始めの時期にそういうのに乗ってると，間違ったライディング・テクが体に染み付いてしまう。あとから直そうと思っても，それは難しい。
　とはいえ，いざ店に行ってみると，どれもピッカピ

カの極上品ばかりに見えてしまうものだ。キミのほうが，バイクを買いたくてウズウズしてるから，なおのことそう見える。また，中古車専門店などは，中身の整備は放ったらかしでも，表面はとにかく徹底的に磨き上げてるし，照明もキラキラとバイクが輝くように工夫してある。
　まずは冷静に，すべてのバイクを疑ってかかるのがいい。店の人がどんなに調子のいいことをいっても，話半分で聞いておけ。4輪の中古車だって，スポーティなモデルは事故ってる率が高いし，そうでなくてもエンジンや駆動系，サスなどの痛みが早いのは常識。それがバイクともなれば，すべてがスポーツカーみたいなものではないか。だから，中古バイクなんてその

●転倒したら傷つくところを確認しよう。

カウル類はとりかえても傷がついたくらいじゃハンドルやレバーマフラーやクランクケースまでとりかえることはあまりないからネ

転倒の有無を推理するんです祢

●購入後の交換部品代も考慮しよう。

激安！三〇〇，〇〇〇円

要交換

30万円
＋
タイヤ代
＋
チェーン
＋
スプロケット…

けして安くない

●詳しい先輩と一諸に行こう。

このくたびれ方から見てこの積算計おかしいネ

メーターを交換してるんですか？これ……

程度のもの，という割り切りも必要だけど，その中でも少しでもいいものを捜すべきだ。

中古バイクのチェック法は，上の絵にあるもののほかに，前後サスの作動性，エンジンのメカ・ノイズ，シートのヘタリなど，色々とあるが，そうしてバイクをよく眺めながら，前オーナー像を思い浮かべてみるといい。飛ばし屋よりも悪いのが，メンテナンスに無関心なタイプだ。

また，「何でもいいから30万円くらいのやつ」というような気持ちで捜しに行くのは，迷いや失敗の元。中古車であっても，ハッキリと目標車種を定めていくことで，現場のムードに流されない確かな目を持つことができる。そのほうが，目標以外の掘り出し物を見つ

けるチャンスも廻ってくる。

でも，そうやって何軒も店をまわっていいバイクを捜し出すってのは，かなり経験がないと〝当たり〟の率は低い。そこで勧めるのは，前のページにあるような信頼のおける普通のバイク屋に「こんな中古車がほしい」とオーダーしておくこと。中古専門店ではないが，新車を売るときの下取り車が入ってくる。そんな場合は，前オーナーもその乗り方も，店がよく知っているし，あとあとのメンテナンスも相談しやすい。他の店の下取り車情報も持ってる。もし何週間か待つにしても，これは確実な方法だ。

雑誌の売買案内などを使って直接買う方法もあるけれど，これは相手次第だし，あとで文句もつけにくい。

■バイクを買ったら

●緊張と興奮のスタートを前に，まずは冷静に。

走り出す前に…

●実車を前にして，取扱説明書をよく読もう。

リザーブの位置はここ……と

え～～とヒューズボックスはここで…

愛車の取り扱いや装備を，しっかり覚えること。

●各部の操作感を見よう。

ちょっとブレーキペダルが高いかな

調整できるところは，自分の好みの位置にアジャストしよう。

　市販レーサーの新車を買ったら，オーナーとなった人は最初に何をするか知ってるかな？　慣らしじゃない。その前に，マシンを全部バラバラに分解するのだ。エンジンなんかは，クランクシャフトまで引き抜いてチェックする。それからすべてを慎重に組み上げ，サスペンションやライディングポジションを自分に合わせて，だいたいのセッティングまで済ます。最近のノービス諸君はどうもこの限りにあらずという人もいるようだけど，基本はそうなのだ。安心して身をまかせられる信頼性をマシンに与え，そのマシンの成り立ちを完全に理解し，自分が思うように走るための最低限の状況を作り出してから，初めてエンジンに火を入れるわけである。

　まさか，公道を走るキミにそこまでやれとは言わないし，できるハズもないよな。けれど，そういう気持ちは持っていてもらいたい。キミの手元に納められたバイクは，新車だろうが中古だろうが，いってみれば海のものとも山のものとも分からない状態なのだ。走り出してしまえば，そいつに命を預けるしかない。たとえ40km/h以下であっても，ブレーキが急に効かなくなったりしたら，人間の体力だけでどうにかなるわけもない。また，出先で動かなくなったときに，それが決定的なトラブルでないにもかかわらず（たとえばガス欠とか），指をくわえてただ立ち尽くすばかりなど，サイテーであろう。

　新車にはもちろん，中古でもそれなりには，保証制

●ガソリンを入れてから走り出すことを忘れずに。

販売店じゃエンジンがかかるくらいしかガソリンを入れないのが普通だからネ

良くある話なんだこれが…

おまえガソリン入れたか？

おっちゃんしばらく走ったらエンジン止まっちゃったよ

●最初はそのバイクに慣れることから始めること。

いきなり飛ばさずに，バイクに慣れることに集中しよう。

タイヤは，ひと皮むけるまで滑りやすいので慎重に。

やっと買ったバイクなんだからかわいがろうね！

度というものが付いている。ちゃんとした店なら，アフターサービスもしてくれるだろう。が，トラブルで痛いめに遭ったり時間を労費して損するのは，キミ自身なのだ。それに，何かというと機械のせいにするヤツが多いけれど，機械はバカな反面でじつに正直であって，使い手の能力の分だけ反応して動いてくれるもの。機械をダメ呼ばわりするのは，己のダメさを大声で語っているのと同じでもある。その機械が最も能力を発揮できる状態に保ってやり，最大の機能を生ませる使い方をする。これが，道具を使う者自身の，つまりはキミの責任であるし，面白さでもあるはずだ。

細かい整備技術とかは，あとの7章で述べよう。それに，少しずつ触ったり走ったりをしていかないと，

どこをどういじるべきなのかも，分かってこない。しかし，自分の愛車についての責任は，ほかの誰でもない自分で取る気構えは，必ず持って取りかかること。そして最低限，そなえ付けの取扱説明書くらいは目を通しておいて，何がどこに付いているかを知っておく。ガス欠になったときの，ガソリンコックのリザーブへの切り替え方くらいも知らないようでは，ライダーじゃない。

各種の操作機構のみならず，ハンドリングだとかエンジン特性なども，それぞれのバイクによって違いがある。ゆっくりと，少しずつ走り込んでいきながら，その特性を感じ，「じゃあ，こうやって乗ったほうがいいんだ」となる。その対話が，キミのテクを磨く。

■慣らし運転の仕方

初めてのオイル交換では古いオイルに削れた金属粉が混じってギラギラしてるよ

う〜っ

すべすべに見える部品だけど拡大して見るとでこぼこしてるんですよね

部品同士が擦れてなめらかになるまであまり回転を上げて走らないこと！

●慣らし運転中はとくに十分な暖機運転をすること。

じっくり身仕度するぐらいの余裕を持とう

オイルがやわらかくなるのを待って十分な潤滑能力を発揮するようにしよう

ブォォォォォ…

慣らし運転というやつは，じつにメンドーくさい。せっかく待ちに待った新車がやってきて，その走りのダイゴ味を１日でも早く満喫したい欲求が爆発寸前だというのに，エンジンをフルには回せないのだから，面白いわけなどない。そして実際のところ，今のバイクは加工や材質の技術が進んでるから，初日からいきなり全開にしたって，すぐにブッ壊れたりなんかしない。平気なのだ。説明書にも『最初の1000km走行まではエンジン回転をひかえめにしましょう』なんて程度しか書いてないものもある。

それじゃあ，カンケーないや，となるところだが，ちょっと待った。

新車というのは，走り始めの時点では，そのバイクが本来持っている潜在能力の100％を発揮することはできないのである。エンジンはもちろん，ホイールやミッションなどすべての回転部分，バルブ系やらサスなどの往復部分など，とにかく動くところはどれもこれも，〝当たり〟が出ていないからだ。それらをスムーズに作動させるには，使い込んでいくしかない。それも，いきなり高い負荷をかけると狂った〝当たり〟が付いたり傷付けたりになってしまう。そして，慣らしをするかしないかの差は5000kmくらいの走行距離まではたいして出ないけれど，その先での性能やトラブル発生率の差となって表われる。

やっぱり慣らしは，やったほうがいい。それに，前のページで記したような愛車との対話を深めていくた

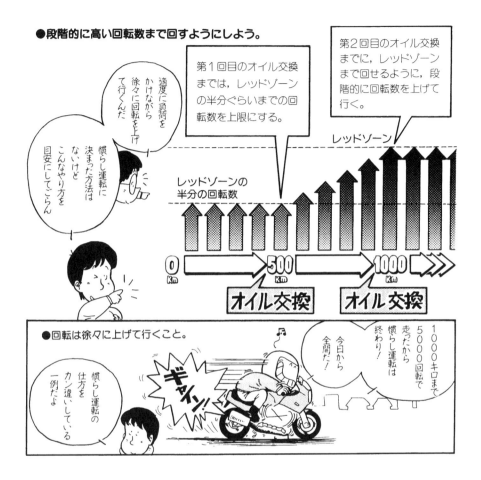

めにも，道具を使いこなすというテクニックの基本的な考え方をマスターするためにも，やったほうがいい。

さて，すべての作動部分に慣らしが必要ということは，エンジン回転数だけを考えていればいいわけじゃないのである。たとえばブレーキ。ディスクパッドとディスクの当たり面は，使い込んでいかないと出ない，つまり効かない。だからといって，新車からガンガンとフルブレーキをかけると，ディスク板が熱ひずみを吸収し切れなくなって，永久にフニャフニャのタッチになることもある。ブレーキですら，最初はやんわりとかけながら……という慣らしのセオリーを守ってやらないと，本来の性能が出てこないのだ。サスにしても，すべてがそうである。

ところが，この意味を誤解してるヤツも多い。とくにエンジンの場合だ。どういうことかというと，5000rpm以下に保つとなると，その数字を守ることだけしか考えていない。その回転数内でも，ラフなシフトダウンなんかしたら，まったく意味がないのだ。強いショックがかかるからね。

また一方で，無理に低回転に抑えてボエーッと走ってプラグをカブらせたり，ただただゆっくり走ってるのも，慣らしにはならない。適度に負荷をかけ，その負荷を少しずつ上げ，回転数も上げていく。そうして初めて，"当たり"は出るのだ。いたわってるだけではダメ。アイドリングで何時間も回しておいても，エンジンやミッションの慣らしは進まない。

■ライディング・ギア

●安全上，しっかりとした装備をしよう。

体がムキ出しになるバイクだから万一のことを考えてしっかりした装備をしようネ

T.シャツでレースする人はいませんもんネ

●転んだ後で後悔しても後のまつり。

ケチらずに革ツナギを買っとけば良かった……

しっかり！

ほっ

装備によっては大ケガのはずが軽い打撲ですんでしまうほどの効果があるものなんだよ

バイクが4輪と最も異なる点は，ライダーの体がツマ先から頭のテッペンまでまる見えであること。だからバイクだけじゃなくて，人間がアピールする部分がとても大きい。反面，ライダーがヘボだと，ハジをかく率も高いわけだ。そこでまず備えなければならないのは，キミ自身のテクニックであり，ヘタクソはたとえ交差点で停まってても，バレてしまう。フォームやしぐさから分かってしまうからだね。それはもう述べてきたことだけれども，身に付ける各種のライディング・ギアからも，キミのセンスやテクニックはバレてしまう。それだけ4輪よりも，アピールする要素というか，楽しめる部分が多いわけでもあるけれど，ライディング・ギアに関する基本セオリーは，ちゃんと知っておかなければならない。ハジをかくだけならまだいいが，痛めに遭ったりテクニックの上達が遅れたりで，キミ自身が実質で損をするからだ。

なぜ損をするか？　ライディング・ギアの基本が，機能性だからである。機能性が高いほどに，カッコよくも見えるものである。機能美というやつだ。あまりに機能だけしか考えない装備だと，まるで作業着のムードになりかねないが，機能を無視してカッコばかり考えてると，逆にダサくなるもの。ファッションはそれぞれのシチュエイションに合わせるのって，大原則でしょう！

機能美とは，具体的にいえば大きく分けてふたつ。安全性と運動性だ。

●オンロードの装備

●トレールランの装備

●トライアルの装備

ライディング・ギアは安全性の他にファッション性も兼ねたものだから変なかっこうでバイクに乗ると笑われちゃうよ

　安全性とは言わずもがな。バイクなんてタイヤがふたつしかないんだから，コケるのが自然ともいえる。おまけに体はムキ出し。路面やほかのものにぶつかったり，強く摩擦したりしたときの，プロテクション性能は，備えていたい。「コケたらそのときさ」なんていってるのに限って，ハデなケガをするんだな，これが。

　ヘルメットやグローブなどは，当たり前。クツもブーツとまではいかなくても，動きやすくてクルブシまでカバーするものを履きたい。厚手の生地のウエアで上下とも肌をすべてカバーするのも原則。一番安全なのは，右ページみたいな本格的な装備だ。

　もっとも，安全性ばかり考えていると，まるで鉄のヨロイを着てるようなことになってしまう。かえって

動きにくさからコケたりして，逆に安全性をそこないかねない。そこで第2の機能，運動性だ。

　バイクに乗るってのは，たとえ40㎞/hで直進するのであっても，スポーツなのである。視界の確保や低疲労性も含めて，スポーツに相応しい運動性を持ってないものは，ライディング・ギアとは呼べない。難しいのは，運動性を上げていくと，プロテクション機能が下がるという互いの関係なのだ。キミが走るシチュエイションに合わせて，そこで必要となる安全性と運動性をよく考え，さらにはファッション性も加味してバランスを取っていくべきだろう。

　ただし，ライディング・ギアにばかりお金を使って，バイクのタイヤはボウズなんてのは本末転倒だゾ。

■ヘルメット ①

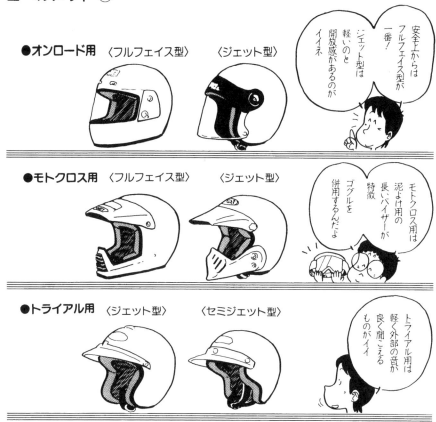

●オンロード用　〈フルフェイス型〉　〈ジェット型〉

安全上からは
フルフェイス型が
一番！
ジェット型は
軽いのと
開放感があるのが
イイネ

●モトクロス用　〈フルフェイス型〉　〈ジェット型〉

モトクロス用は
泥よけ用の
長いバイザーが
特徴
ゴーグルを
併用するんだよ

●トライアル用　〈ジェット型〉　〈セミジェット型〉

トライアル用は
軽く外部の音が
良く聞こえる
ものがイイ

　ライディング・ギアの中でも，何はともあれ最初に手に入れなければならないのが，ヘルメットだ。法律で決まってるからじゃない。キミの命を守るためにである。頭というのはかなり重いものだから，たとえ腰や肩から転倒したとしても，ショックの勢いですぐに地面などへ打ちつけてしまう。どのくらいのショックから危ないかというと，頭のぶつけ方によって色々なのだが，ヘルメットなしならなんと，20〜30km/hでコテンとコケただけだって死んだ例がある。とにかく，頭を打つのは，とてもヤバイのだ。
　だから，カッコがどーのこーのは，完全にあとまわし。一定レベルの安全性が備わってなければ，ヘルメットの形をしてても，ヘルメットじゃない。では，何

をして安全というか。それはひとことでいえば，丈夫さに尽きる。
　昔は，ヘルメットの帽体が割れることによって衝撃を吸収し……なんていう人もいたけど，そんなの大ウソ。帽体が割れるリミットを超えたショックがかかったらどうする？　最初にドンと当たったときに割れてしまい，その後にゴロゴロ転がりながら2度3度打ったらどうなる？　絶対に割れない帽体なんてあるわけもないし，重量とのバランスもあるが，やはり丈夫なほうがいい。高級ヘルメットほど丈夫なのだ。
　ヘルメットのどの部分の強度が必要かというと，頭頂部じゃないのだ。そんなとこから落っこちるヤツは少ないし，そこは放っといても球形の頂点だから強度

●衝撃吸収性に優れた規格品を選ぼう。

ヘルメットの内側にステッカーが貼ってあるよ

JISのC種か，スネル1985規格のものがいい。

価格の安さにとらわれない

高いけど命を守るものだからふんばつしよう

●ヘルメットの構造。

SHOCK!

衝撃を受け止める帽体（FRP製等）

衝撃を吸収する緩衝材（発泡スチロール製）

フィット感を良くする内装材

発泡スチロールがつぶれて，ショックを吸収する。

ヘルメットを頭に固定するあごひも

発泡スチロールは一度つぶれたら元に戻らないから大きなショックを受けたヘルメットは二度と使わないこと

がある。前頭部と後頭部は重要だ。そして忘れてはならないのが側頭部で，ここを打つ率はとても高い反面，強度を持たせにくい。試しにヘルメットを裏返しにして両手で持ち，両側のアゴヒモの付け根あたりをギュッと内側に押し込んでみるといい。グニャッと変形するだろう。たとえ割れなくても，その変形度合いが大きければ，中身の頭にショックがかかる。これ重要。

帽体の材質は，グラスファイバー及び他の繊維を使った強化プラスチック，つまりFRP。これしかない。ポリカーボネイト製は，軽いし割れにくいが，衝撃の振動を脳に伝えやすいというデータがあり，勧める気になれない。こうしてみると，スクーター用だとか聞いたことのないメーカーの安物ヘルメットなど，かぶ

る気はしないだろう。そう，バイクは1ランク下げても，ヘルメットは一流を買え！　そして，大きめのショックを受けたものは，すぐに捨てる。緩衝材が変形してたり，帽体に表面からは見えないクラックが入ってることもあり，そうなると効果半減なのだ。5年以上使うのも，緩衝材のヘタリからうまくない。ヘルメットは消耗品なのだ。

強度に関しては，素人には分かりにくい面もあり，JISやスネルの規格をクリアしてることを最低限として選ぶ。ちょっと便利そうなワンタッチ式のアゴヒモはダメ。また，フルフェイス型の4輪用は，マドのカットが狭くてバイクには使えない。などなど，ヘルメットばかりは，レーサーをよく見習うベシ。

■ヘルメット ②

●頭全体にフィットする，適切なサイズを選ぼう。

頭の上にのせてすっぽり入るようなヘルメットじゃ大きすぎるよ

ヘルメットはかぶり方があるんですよね

入らない、

入った これがいい！

●ヘルメットのかぶり方。

あごひもを持って，ふちを左右に広げながらかぶる。

●首を前後左右に振って，グラつかないこと。

ぴったり

あら？

動きの激しいオフロードやトライアルでは重要なことだよ

よくヘルメットの重さを云々する人がいる。確かに軽いほうが首の疲れは少ない。肩などから着地した後に，ショックで頭を路面に打ちつける勢いも，軽いヘルメットのほうが小さい。しかし，述べたように，強度とのバランスで限度がある。

ところで，用品店の店頭で，ヘルメットを手に持ってみて「こいつは重いなぁ」などといっているライダーをよく見かける。何かカン違いしてませんか？　ヘルメットは手に着けるもんじゃないでしょう。絶対的な重量をそうやって知ることはできるかもしれないけれど，頭にかぶったときの感覚としての"重さ"は分からないではないか。重要なのは，本来の形に装着したときの重さ感である。そしてそれは，数十グラムの

絶対重量差よりも，そのヘルメットがどれだけキミの頭に合っているかのフィット性で大きく左右される。

フィット性を高める第一歩は，適切なサイズ選び。そこで問題となるのが，試着するときのかぶり方である。初心者によくあるのが，上の絵のような，頭の上からドボンとただヘルメットの中に頭を突っ込むようなやり方だ。それではかぶる過程でキツかったり入らなかったりするのは，当たり前。だって，人間の頭は丸いのだ。それに合わせて，ヘルメットは中のほうよりも入口が狭くなっているのだから。両手でアゴヒモの付け根あたりを持ち，ヘルメット下部を左右に開くようにしてかぶる。

次に，そうやってかぶった状態でのフィット感をチ

ほほあたりでホールドし，頭全体にフワリと内装が当たるものが望ましい。

●暑さ対策に，ベンチレーションシステム付きのヘルメットを選ぼう。

これがけっこうキクんだ

いろんなタイプがあるよ

●あごひもは，しっかりしめること。

苦しくない程度にキツクしよう

あごひもを強く引っぱって，あごからはずれるようじゃダメ。

ェックする。ちょっとキツイなと瞬間的に感じるものは，サイズが小さすぎる。1時間もかぶり続けると頭が痛くてしかたない。気になって走りに神経を集中することができなくなる。もちろん，頭のどこかがスカスカの感じだったり，アゴヒモを締めて首を振ったときにヘルメットが動いてしまうのは大きすぎだ。

　頭全体に，フワッと内装が当たってる感じ，これが大切である。頭頂部や側頭部にスポット的に当たる例も多いが，それではダメ。また，全体に当たりながらも，頬からアゴのあたりで強くホールドし，いわゆる頭の部分にかかる圧力が少ないものがいい。耳には，絶対に圧迫感があってはならない。

　こうしたフィット性は，サイズのみならず，内装の質

や形で決まる部分が多いから，色々なものを実際にかぶってみるべきだ。しかし，人間の頭の形は，人によってずいぶん違う。量産品でピタリと合わないこともあろう。そんなときは，少し大きめかな，というサイズを買い，頭との間にあるスキ間のところへ，スポンジマットなどを付加する。接着剤を使うときは，発泡スチロールを痛めないものを使うこと。

　小さめのサイズで，当たりの強い部分の緩衝材を削るのは危険だ。多少はキツめでも，その部分がスポンジ等であれば，しばらくかぶってれば多少はなじみも出るが，緩衝材本体では期待しにくい。なお，なじみが出るということは，他人にヘルメットを貸すと，キミの頭へのフィット性が狂う可能性がある。

143

■グローブ，ブーツ

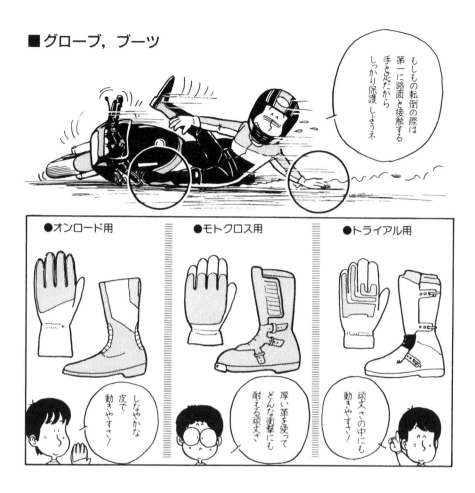

もしもの転倒の際は第一に路面と接触する手と足だからしっかり保護しようネ

●オンロード用

●モトクロス用

●トライアル用

しなやかな皮で動きやすさ！

厚い革を使ってどんな衝撃にも耐える頑丈さ！

頑丈さの中にも動きやすさ！

ヘルメットの次に，というよりは同時に手に入れなくてはならないのが，グローブ。4輪用のやつみたいに手の滑りを防止することよりも，転倒時に路面との摩擦で骨まで削れてしまうのを防ぐ，といったプロテクションの機能が第1の目的だ。

とはいえデリケートな各種操作をする手であるから，フィット性と手の動かしやすさが重要。操作ミスで事故っては，意味がない。グリップを握りやすく，スロットルを動かしやすく，手首の動きがライディングを妨げないこと。レバーを自在に操作できて，レバータッチが確実に伝わってくるような指の動かしやすさがあること。この条件を満たしてる必要がある。

プロテクションとしては，手のひら側では，手首に近いところのふたつのふくらみ，手の甲側では指の付け根の関節の突起部が重要。グローブの材質は，革のものに限る。まあ，夏場はモトクロス用の，手の甲がメッシュのやつも涼しくていいけど，手のひらなど重要部分は必ず革のものを使うべきだ。

いいグローブを選ぶには，ひとつずつ試着してみるしかない。ショーケースの中で形よく収まっているのに限って，乗車時の手の形に合わないものだ。また，人間の手の形はひとりずつ違う。それに，たとえ同じブランドの同じ表示サイズでも，カッティングや縫製にバラツキがあるものだ。左右両手ともはめてみて，ライディング操作の形を色々やってみる。外縫い式と内縫い式については，まったくこだわる必要はないけ

●グローブ，ブーツともにフィット感に優れ，操作性のいいものを選ぼう。

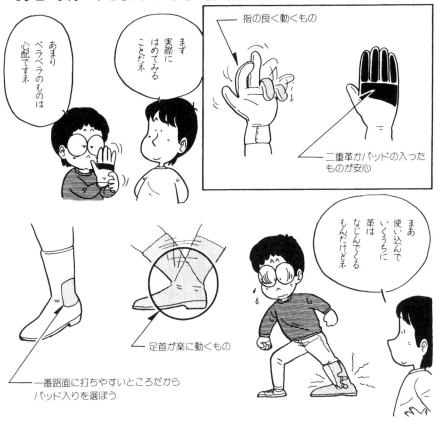

あまりペラペラのものは心配ですネ

まず実際にはめてみることだネ

指の良く動くもの

二重革かパッドの入ったものが安心

まあ使い込んでいくうちに革はなじんでくるもんだけどネ

足首が楽に動くもの

一番路面に打ちやすいところだからパッド入りを選ぼう

れど，縫い代が指を動かしたときに引っかかったり，違和感のあるものは避けるべきだ。

　ブーツ選びの基本も，やっぱり１足ずつ試着してみること。そして，できるだけスニーカーに近い履き心地のものを捜すのだ。つまり，足の甲のあたりでピッタリとフィットしていながら，ツマ先などに窮屈感がなく，ツマ先の屈曲性もいいものである。ソール材が厚すぎたり堅すぎると，屈曲性が悪いしペダル類のタッチもつかみづらくなるので注意したい。

　しかし，いくらスニーカー感覚を望んだところで，スネの高さまでつながっているブーツだから，足首の動きは落ちる。それでも，なるべく動きやすいものを捜そう。ブーツの高さが，フクラハギのふくらみの頂

点以下と低めのほうがいい。チャックの位置も重要で，うまくレイアウトされていれば，カカトのホールド性も含めて横チャック式がベター。なお，足首の動かしやすさは，歩くときのものではない点に注意したい。とくに今のロードスポーツ車は前傾フォームが強いから，足首を少し前に曲げたところが基本でそこからの動きやすさをチェックする。最初から足首が前傾したカッティングであるのがいいだろう。

　オフロード用ブーツは，足を痛める率が高いのでもう少しプロテクション機能を優先させるが，モトクロスレースをやるわけでもないので，動きやすさやソール材，防水性を考えると，革製トライアル用が一般の林道走行にはオススメだ。

■革ツナギ

革ツナギは一番安全性に優れたウエアだからなんとか一着ほしいところだネ

革ツナギもフィット感と運動性が重要！

●用途をはっきりさせる。

何か苦しいな

レース用かツーリング用かをはっきりさせること

レース用は前傾姿勢を前提に作られていますからネ

●乗車姿勢でフィット感を確認する。

体を動かしてみて，どこかが突っ張るようであれば問題。

シャーリングがあれば，動きはスムーズになり，フィット感も増す。

革ツナギは，ヘルメットなどのように，どうしても買わなければならないものじゃない。夏場の暑さ，普段のチョイ乗りでの不自由さなど，実用性は低いわりに，とても高価だ。カッコ付けのために無理して買うヤツもいるけど，そのためにヘルメットやグローブなどを安物にランク・ダウンなんて，考え違いもいいとこ。ツナギは最後にしろ／

とはいえ，安全性でいえば，オンロードの場合はやはりツナギに行きつく。転倒して路面と激しく摩擦していくときの保護能力は，今までのところは革が一番であり，それで全身を被うのが革ツナギ。それに，やっぱりカッコイイ。できれば１着ほしいのは確かだ。買うのなら，どうせ高価なのだから，思い切って良質

のもの，それも自分の体にピッタリと合ったものを選んで，長く愛用することを勧める。

なにが良質かといえば，材質とカッティングだ。使用してある革は，厚めで（プロテクション性），十分に柔らかい（運動性）こと。そんな革であれば，必ず高価なんだけどもね。

カッティングについては，グローブなどと同じ考え方であり，実際に試着してみて，キミの愛車のライディングフォームが取りやすく，走りをする上での動作がしやすいこと。純レース用じゃないんだから，多少とも歩きやすさも必要かもしれないが，当然ながら走りのほうを重視する。背中やヒザ，ヒジ，首，肩に突っ張り感がまったくないことがポイント。着てれば革

●必要な部分に，運動性を損なわない適切なパッドがあるもの。

直接体につけるやつもあるよ

背椎パッドをつければさらに安心！

●最高のフィット感を求めるならば，オーダーメイド。

ツルシに比べて高くなるけどフィット感は最高だしデザインが自由になるところがいいネ

あまりごちゃごちゃ色を使うときれいに見えないよ

ベースとなる色を決めて3色ぐらいがいいネ

あまり凝ったデザインにしてしまうと，フィット感や運動性が落ちてしまう心配がある。

何かゴワゴワしちゃうな……

ゴちゃっ

は伸びる，なんて店の人が言うことが多いようだけど，それには限度があるし，縫製してある糸の方向にはほとんど伸びない。

　もうひとつ注意したいのが，フクラハギや太モモ，腕などの大きな筋肉部分。ここが，普通に着ただけでピッタリではマズイのだ。筋肉は，力を入れればふくらむ。それら各部は，少しゆとりがあるべきである。こうして運動性を重視していくと，サイズがどんどん大きめに，とくに太めになってしまう。実際，今のロードレースでは，ダブダブのやつが主流だ。ただしそれは，カッコ悪さとなる。そのあたりのバランスはキミが決めることだが，やや太めを心がければ間違いはないとしておく。腰や肩にシャーリングを入れると少

しは動きやすくなるが，基本的なカッティングに余裕がないと，やはり動きにくい。

　なお，ツナギは上下服が一体だからこそ，安全な反面で歩いたりはしにくいのだが，ツーリングなど公道使用なら，ウエスト部をチャックで連結したセパレート型が便利だ。そして結局のところは，ツルシではキミの体形や動きに合いにくいので，オーダーメイドがベター。信頼のおける専門店で，細かく相談してみるといい。複雑なツナギのノウハウは，まだキミには分からないはずだから，ある程度はおまかせだな。

　オーダーなら，各種デザインはキミの好みに合わせられる。が，ラインをヘンな形に入れたり，パッドを付けすぎると，一気に運動性が落ちるので注意しろ。

■ジャケット

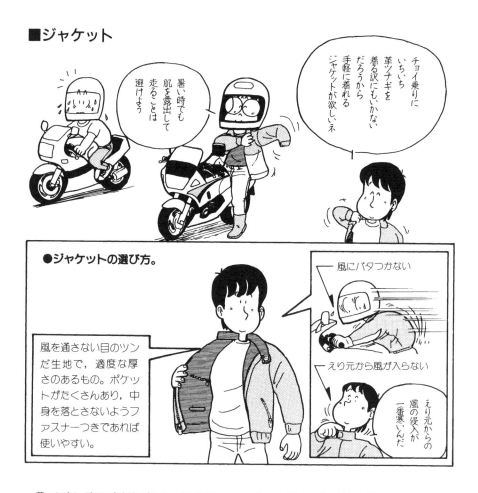

チョイ乗りにいちいち革ツナギを着込む訳にもいかないだろうから、手軽に着れるジャケットが欲しいネ

暑い時でも肌を露出して走ることは避けよう

●ジャケットの選び方。

風を通さない目のツンだ生地で、適度な厚さのあるもの。ポケットがたくさんあり、中身を落とさないようファスナーつきであれば使いやすい。

風にバタつかない

えり元から風が入らない

えり元からの風の侵入が一番寒いんだ

　革ツナギは、確かに安全性は高いし、春や秋のクルージングには適している。しかし、夏は暑い、冬は寒い。どんなカッティングだろうがやはり窮屈、重い、などと欠点も多い。それに、市街地でもどこでも、イッチョーラのツナギを着っぱなしってのは、センスないよなぁ。本人はカッコイイと思ってるんだろうが。

　やっぱり、公道ライダーの基本ウエアは、Gパンなど運動性の高いパンツに、ジャケットだ。

　パンツは買うときに、普通よりも長めにスソをカットしてもらうこと。バイクに乗ってヒザを曲げたとき、スソが上がってしまう分を見込んでおく。

　次にジャケット。長ソデのこいつを着るのは、転倒時などのダメージを少しでも軽くするためでもある。

が、もうひとつ、肌に直接風が当たると、とても疲れるのだ。だから夏場でも、ツーリングのときは着たほうがいい。他の季節では、もちろん防寒の意味もある。まあ、真夏の都内などTシャツ1枚で走りたくもなるけど、そのあたりの安全性とのバランスは、自分で判断しなさい。キミの体なのだ。

　ジャケットの表生地は、目のツンだ布で、風を通さないもの。裏地があったほうが、体を動かしやすい。夏用は、脇腹に風抜きのチャックがあるといい。冬用は当然ワタ入り。ともに、前チャックの上に風防用のベロ付きであること。スソ、首、手首はビシッと締められ、また全体に風でバタつかないものでないと、走っていて疲れるし生地も痛む。カッコも悪い。

■ラフロードウエア

ラフロード走行はオンロードに比べてはるかに運動量が多いから動きやすさと安全性のバランスが大切

●体にフィットし，動きやすいパンツを選ぼう。

化学繊維の生地で，マシンとハードに接触するひざの内側やヒップ部には革を使用。

転倒で打ちやすいところにはパッド入り

レースをするんじゃなくとも，ラフロード走行は転倒する確率が高いから，ちゃんとした装備をしたい，ネ

●汗対策にはメッシュジャージ。

効果てきめん！

メッシュ

　林道などのダート走行では，ウエアのプロテクション能力と運動性のバランスが難しい。転倒する率がすごく高く，高速でスリップしない替わりに，ドンと強く打ちやすい。一方で，体の動かし方は激しい。

　そこで，レースをやるわけではないけれど，ちゃんとしたブーツやグローブをつける。パンツも，これはツルシのもので十分だろうが，本格的なモトクロス用を着るべきだ。レーヨンなどの化学繊維でできていて，要所に革パッチが当たったのが，いまの主流。全部が革のものは，重いし，動きにくく，クリーニングも大変だから勧められない。ヒザからスネにかけては，必ずプラスチック・パッドを入れておこう。

　上着については，なにせ汗をかくから，コットンのトレーナーがベスト。それも，ヒジと肩にパッドが入ったタイプがいい。アンダーウエアも着ておいたほうが，汗を吸い取ってくれる。汗をかきっぱなしでは疲れるし，冬はカゼをひく。そして，ウインドブレーカーは必ず持っていき，状況に合わせて着るようにする。これはオンロード用のジャケットよりもゆったりとした大きめのがいい。暑い時期にはメッシュジャージーも涼しくていいが，吸汗性がごく低いので，着替えのシャツなどを持っていくべきだし，ウインドブレーカーもやはり必要。

　なお，いくら安全性が大切とはいえ，ブレストガードまで付けて走るのは，どうかと思う。人それぞれの考え方かもしれないが，公道ではねぇ。

■レインウエア

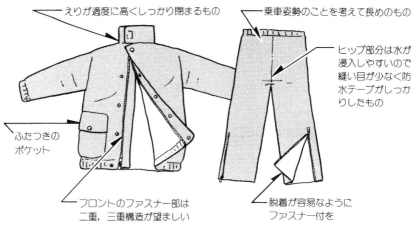

えりが適度に高くしっかり閉まるもの

乗車姿勢のことを考えて長めのもの

ヒップ部分は水が浸入しやすいので縫い目が少なく防水テープがしっかりしたもの

ふたつきのポケット

フロントのファスナー部は二重，三重構造が望ましい

脱着が容易なようにファスナー付を

● 低価格のカッパか，高価格のカッパか。

各種新素材を使っていれば，3万円以上。汗を外へ逃がす素材だからムレにくく，長時間着ていても快適。

高価格

低価格

PVC（ポリ塩化ビニール）製などで，溶着であり縫い目のないものがいい。価格は3千円台から6千円と，安価ながら，防水性は良好。

雨の日に走りたいヤツはいない。でも，走らなければならないときもある。しかしカッパはダサイ，というわけか，最近は普通のウエアのままで雨の中をカッ飛んでくヤツも多くなった。ツッパッてるつもりなんだろうが，それでは気持ち悪いだけじゃなく，体温を奪われて疲れからミスをしたり，体をこわしたりする。

ライダーたるもの，カッパくらい持ってなさい！

そのカッパに求められる機能で，一般の作業用と違うところは，バイクで走るってこと。雨は上からではなく，前から，それも勢いよくぶつかってくる。風で巻き上げられる分もある。また，風でバタつくと，ライダーは疲れるしカッパは破けるわけで，フィット性もなければならない。

となると，ツナギ型のカッパがベストだ。脱着の便利さを取ってセパレート型にする場合は，パンツのほうのウエストが深いことと，上着はウエストがビシッと締まるものであることが必要だろう。どちらのタイプにしても，スソやソデは十分に長めで，ライディングフォームを取ってずり上がっても余裕があるように。またスソは，ブーツを履いたまま着られる構造であり，かつ二重になっているのが望ましい。

さて，防水性だが，これはどんなに高価な素材であっても，それがいわゆる〝布〟であっては，いずれ雨が染み込むと思うベシ。どんなコーティングをしたところで，やがてそれは剥がれる。そして決定的なのは縫い目があることで，シール・テープの機能にも限度

●視認性のいいものを選ぼう。

雨の日は被視認性が落ちるから明るい色のカッパを着た方がいいネ

●ブーツカバー，グローブカバー。

キモチワルイ

手足がぬれると不快だからブーツカバーとグローブカバーは必需品

グローブカバーは自分のレバー操作のやり方に合わせて選ぶこと

5本指なら一番いい

がある。それなりの通気性があるとか，破れにくいとかの利点はあっても，防水性では不利だ。ビニール製は破れやすいし，ライディングに適したデザインのが少ないが，防水性は高く，安価でもあり，オススメだ。

特殊な"布のようなもの"を，糸を使わずに溶着して使ったカッパがベストだ。前のチャックだけではなくすわけにいかないが，開口部を短くし，かつチャックの表裏両側に雨ドイの役目をもするカバーがあり，さらにその上にホック止めのカバーが付く形だと効果的だ。ポケットは，フタだけでなく全体を折り返して止めるものでないと，水が入る。フランス製などにはいいものがあり，価格も2万円前後くらい。日本製は高いばかりでイマイチだが，最近はボチボチ真面目に作った

ものも出てきてるようだから，捜してみるといい。

カッパは着ても，手足の先は防げない。短時間ならガマンもできるが，1時間ともなると，ちょっとね。

そこでまず足。用品店に行けば，ブーツカバーというものを売っている。多くは，ツマ先だけ引っかけるようにして履き，あとはグルリと巻き付けてホック止めという形だ。ペダル操作で破れない材質，あるいは作りになってること。このタイプは底がないし，ホック部と合わせて水が入りやすいのが欠点。アメリカ製のごく薄いゴムでできた長グツ型のやつは，防水性が高くて丈夫だが，日本製では見たことがない。

グローブカバーも市販品があるけど，安心してレバー操作できるものは少ない。真冬以外はガマン？

■ウインターウエア

いかに空気をかかえ込むかを考えましょうネ

どんなに厚着をしてても風がスカスカ入り込むんじゃ意味がないよ

●乗車姿勢を考えて選ぼう。

バイクにまたがった時ソデやスソが短かったり背中が出たりするのは寒いよーっ！

ツナギ型の方が暖かいですネ

寒いのが好きって人は，まあいないだろうけど，バイクが大好きなキミのことだから，冬だって当然乗るよね。雪国の人は別としてさ。

で，街乗りのヤツに多いのだが，カッコつけのつもりか，ダテの薄着で走ってるのをよく見る。本当に寒くないならいいんだけど，無理にガマンするのって，ライディングを心から楽しめないだろう。それに，体が堅くなるので，疲れやすいし，第一危険だ。

まずは風を完全にシャットアウトすること。いくら厚着をしても，スェーターでは意味がない。ボタン止めのスタジャンも同じようなもんだ。目のツンだ布で，レインウエアと同様の作り方をしたライディング専用ウエアから選ぶ。キミの走りのシチュエイションに合

わせて，中ワタ入りとかその他ヘビーデューティー度を加味していくのだが，まあ安物は買わないほうがいいと思う。

一番暖かいのは，ツナギ型の防寒ウエアだ。大きめのサイズを選ばないと動きにくいので，注意したい。ソデやスソはタップリと長くないと風が入り込む。とくにスソは，歩くときに引きずるくらい長めのこと。

ツナギ型は大ゲサだというのなら，ジャンパーにする。が，革ジャンは寒いぞ。安くて暖かくてデザインもいいのはスキー用だが，スソが短めのものが多く，ライディングフォームを取ると背中が出やすいものがあるので，よくチェックしたい。やはりバイク専用の，それも背中側のスソが長い形のを捜すのがベター。

●防寒用グローブは,指を圧迫しない大きめのサイズがいい。

キツいと血行が悪くなり,いい素材が使われていても効果がない

かっこうを気にしないならハンドルカバーが一番!

ジャンパーとオーバーパンツを合わせる場合は両方が重なる部分が長いものが暖かいんですよ

ブーツをはいたまま着脱できるものがいいネ

暖かくして走れば冬だって楽しく走れるんですよ

寒いのをがまんして走るのはつらいだけ

　ジャンパーは,着たり脱いだりがしやすい利点がある。そして,いよいよ寒くなったら,オーバーパンツを合わせて着るという調節も可能だ。このオーバーパンツも,スキー用が手ごろに思えるけど,なにしろ,スソが短すぎるし,耐熱性を考えてない素材なので,マフラーなどに触れるとすぐに穴があく。やはりバイク用を勧める。ウエストが十分に深くて,ジャンパーとのオーバーラップ寸法がたっぷりとあるもの,ブーツを履いたまま脱着ができるものを選ぶこと。
　こういう防寒具の下に,フワッとしたスェーターなどを着て,空気をかかえ込むのがコツだ。そして,外から目立たずに,カサ張らずに,効果は大というのがアンダーウエア。上下とも,最近はバイク用も出ま

わり出したし,スキー用や登山用にもいいものあり。
　手は一番先にこごえるのに,決定的な防寒具はない。スキー用のグローブは,指を動かすことを考えないカッティングなので,あまりよくない。やはりバイク用の,革と新素材を組み合わせたものが,高価だがベター。大きめのサイズ,とくに指の太さのあるのを選ぶのがコツだ。キツいと血行が悪くなり,すぐにこごえる。その大きめのグローブの下に,薄いウール製のインナーグローブをすると,かなり効果がある。
　まあ,手の防寒は,最終的にはグローブよりもバイク側での防寒が効く。カッコを気にしなければ実用車用のハンドルカバーが最高。トレール車用のナックルガードも,これ意外とよいのですゾ。

■ライディング・ギアの手入れ法

ライディングウエアは革製品が多いので，手入れが面倒。かといって，ウッチャッておくと，ガビガビに堅くなったり，カビが生えたりする。とくに雨にぬれたあとなどは，必ず手入れが必要だ。

革ツナギは，ハンガーにかけて形を整え，日陰の風通しがよいところで陰干しにする。直射日光を当てるのは，革を堅くモロくし，色落ちもさせるから厳禁。雨にぬれたときでなくても，使ったあとはこうして風を通し，形を整えたままハンガーにかけてしまっておくのがベターだろう。

ツナギが乾いたら，保革油や革クリームを塗る。雨で油っ気が抜けてしまっているからだ。塗るというよりは，擦り込む感じである。全体にそれを行うのは時

間のかかる作業だが，キミの体を包んで守ってくれるものなんだから，愛情を込めてやろう。最後に，乾いたきれいな布で仕上げぶきをして余分な油を取って終わりだ。

ただし，愛情を込めすぎて，あまりにしょっちゅう保革油を塗るのはよくない。革がコシクダケになってしまうし，かえって強度が落ちる。自然なしなやかさを保つ程度にし，パサついてきたら塗るぐらいで十分だ。直接雨に当たったのではなく，パサツキ度も低ければ，革クリームを使ったほうがいい。革のよごれはケシゴムやクリーニング・クリームを使う。

キミがきれい好きでも，汗くさくなったからといってクリーニング屋に出すのは，勧められない。必ず痛

●ヘルメットの手入れ。

塗装面の小さなキズの修正は，自動車のボデイ用に売られているタッチアップペイントが使いやすい。

良く乾燥したらコンパウンドで盛り上がりを修正して出来上がり

メタリック車用のコンパウンドがいい

●レインウエアの手入れ。

防水テープからの浸水は，登山用の縫い目補修剤を，防水テープの左右，表と裏からと，まんべんなく塗っておくことで，ある程度の期間は防げる。

レインウエアも使用後に良く乾燥させて持っておくとしまっておくと持ちが全然違うよ

防水スプレーで仕上げ

みが出る。水洗いなどとんでもない。ツナギは洗わないものだ。陰干しに止める。汗くさいのがイヤなら，ツナギ型のアンダーウェアをツナギ専門店で作ってもらい，普段から着用するのが効果ありだ。

ブーツの場合も，やはり陰干し。中に新聞紙をツメ込むと，乾きが早いし型崩れもしない。あとは，保革油や革クリーム，クツズミなどで手入れする。なお，キズや色落ちは同色のクツズミでかなり直せるが，これはツナギも同じ。クツ屋などに行くと，かなりの色の種類のクツズミがあるので，試してみるといい。スプレー塗料は革が堅くなるので不可。

グローブの場合も手入れの基本は同じだが，柔軟性を保つことにもっと神経を遣う。なにしろデリケート

な操作をする手につけるものなのだから。

まず，汚れがひどい場合には，手にはめたまま，ぬるま湯で洗う。自分の手を洗うのと同じ要領だ。洗剤は，顔や体を洗うのと同じものを使う。洗タク石けんなどは，一発で革をダメにする。洗い終わったら，やはり手にはめたまま，タオルで押すようにして水気を取る。手から外して絞ったりすると，型崩れする。洗わないときも，ぬれてればこの方法で水気を取る。もちろん，ぬれてないものを洗うのは勧めない。

そして陰干し。乾いたらまた手にはめ，保革油ではなく革クリームなどを塗る。手モミするようにして擦り込む。化粧用のクリームもいい。最後に乾いた柔らかな布で仕上げるときも，手にはめたままだ。

§6 ツーリングにでよう

バイクが好きでキミは乗るのだろう。だから
キミの愛車の役目は，足替わりやトランスポ
ーターなどではないはず。実際の使用割合で
はたとえその走行距離が多くても，やはり違
うよね。峠道に行くのも含めて，走ることそ
のものが目的。となれば，カッ飛ばそうがノ
ンビリだろうが，とにかく公道を走ること，
つまりツーリングこそがバイクライディング
の真髄なわけだ。素敵に楽しい道を創り出す
ためのノウハウがここにある。　　　（つじ）

■ツーリングに出よう

●旅に行くことは特別な時間をもつことだ。

バイクを駆って，見知らぬ地へと向かう。いや，過去に行ったことがある場所やルートでもいい。その日そのときに，新鮮な気分になれるのなら。今日はいったいどんな道や人と出会うのか，いったい何が起こるのかという，未知への期待と不安が，心をワクワクさせる。生活の臭いが染み付いた日常的空間を捨て，つかの間かもしれないが，何だか分からないけど素敵な時空を目差して，スロットルをひねる。

これがツーリングだ。何泊もしなくたって，日帰りでも半日でもいいじゃないか。のんびり走るのもカッ飛ばすのも，キミの自由である。人それぞれに，そしてその時々によって，無限のパターンのツーリングがあるのだ。どうやって走らなければならない，なんて

ものはない。いつもと違う時空を求めて走るのは，すべてツーリングなのだ。まあ，走る時間と距離が多いほどに，日常を振り切りやすくはあるけれど，それも気の持ちようでもある。

とにかく飛び出せ，出発しろ！ 予定どおりにすべてコトが運ぶことはまずないだろうが，帰ってきたキミの心は，きっとハイになってるはずだ。その楽しさは一度経験してもらわないと，理解できない。家にいるほうが楽だ，などというくらいなら，最初からバイクなんかに乗らなければいい。走るためのバイクだ。

バイクは，走るための道具である。その使用目的を突き詰めていくと結局は，どれだけ完璧に操り切るかへのチャレンジと，その機能を有効に使ってエンジョ

●日常をひきずった団体旅行との違い。

最初はみんな不安なんだから…

同じですよ同じ！

イすることの，ふたつに絞られる。ともにスポーツではあるけれど，前者はレースとなり，後者はツーリングだ。公道を走る限り，ツーリングするためにバイクはあるのであって，ほかはどーでもいい。通勤とかの便利な移動手段としてももちろん使うが，少なくともキミたちにとってのバイクの最終目的は，それではないでしょう？

確かにツーリングも，バイクでどこかへ移動することに変わりはない。けれども，A地点から出発し，B地点に着きさえすればいい，という類のものではないだろう。むしろ，何かを目差して移動していく過程そのものが，テーマなのである。いってみれば，目的地などあってもなくてもいいし，予定していたところに

たどり着けなくたっていい。それが，単なる移動ではない〝旅〟，つまりツーリングではないか。

バイクで走っていると，空気の温度や堅さ，色合いが刻々と変わっていくのが，全身に伝わってくる。車速が風圧となって，移動のペースを知らせる。クルマの室内とは違う，無限大の自分だけの空間が開けていく。日常がバックミラーの中で小さくなっていくのが実感できる。体じゅうの細胞が活性化してくる。どこにでもあるような道路標識が妙に輝いて見えたりすることもある。一直線に伸びる海岸道路も，峠道も，すべてがうかれ出す。

4つや5つのコーナーを目を三角にして往復してるなんてセコイのは，バイクスポーツじゃない。

159

■何処に行くか①

●ツーリングの日数を考え合わせて，行く先を決めることから始めよう。

目的地を選ぶ動機は何でもいい

観光パンフレット

ロードマップ

僕は前から○○山を見たかったんですよ

休みが3日とれたからその日数でだいたい回れるところをさがそう

自分はそこへ行きたいと心に決めて、その思いを高めていくと，実際にその場に着いた時の感動はより大きくなる。

やったあ！

目的地なんか，なくたっていい。ただどこかにたどり着きたいだけなら，電車やバスに乗っていけば済むことだ。日常から抜け出せればそれがツーリングなのだから，朝起きて，今日はなんとなく南の気分，てな調子で走り出してしまえばいいのだ。一応の目的地があったにしても，定期バスじゃあるまいし，途中のルートは気分次第でいい。へー，こんな道があったの，なんて発見もあるかもしれない。そんな具合にウロウロしていて，目差したのとは別の予定外のところへ出たって，それはそれでいいではないか。そうしてこそ，バイクならではの機動性も活きてくる。とくに，休日が取りやすい学生諸君には，一度そんな感じでブラブラと日本一周してみることを勧める。観光ガイドには載ってないような，素敵な出会いがきっとあるはずだ。お定まりの観光地など，ヨイヨイのジイさんになってからでも行けるのだから。

もちろん，目的地があってもいい。たとえば，何百キロか離れたところに住んでいる彼女に，バイクで会いに行く，なんてのも悪くない。トリップメーターの動きが，彼女宅に近づいていくことを知らせてくれる。空間が移るに従いうごめく自分の心を楽しむ。おみやげは，途中の景色や走りの話がある。また，いわゆる名所に行くとしても，バイクならばそこまでの過程を楽しめ，その名所を見る目も違ってこよう。

さて，彼女宅に行く場合は，ある程度の待ち合わせ時刻というものがあろう。あんまり待たせるとフラレ

●地図から，おおよそのルートや走行距離を拾い出す。

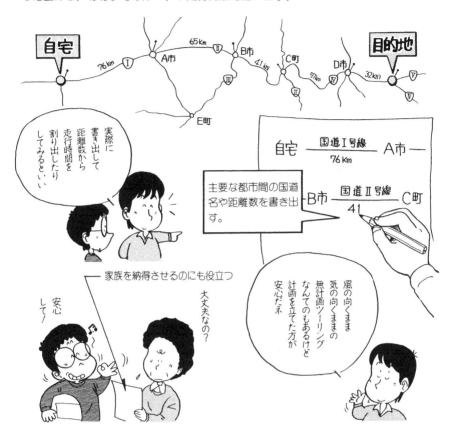

てしまうかもしれないから，所用時間を算出して出発日時を決める，という作業が必要になる。そのためには当然，どこをどう通っていくかのルートも決定しておかなくてはならない。彼女に会うのではなくても，行きたいところまでの片道にまる1日以上が必要な場合，つまり1泊以上するのなら，こうした計画をすることになるだろう。

それに，冒頭から気まま旅のススメをやってしまったが，すべての人がそういうのを好むというわけでもなく，むしろ計画を立てて出かけるほうが世間一般としては普通かもしれない。計画といったって，何も1分刻みにスケジュールを組む必要はないのだし，とりあえず立てた計画に対して何パーセントまで従うかは

キミの判断である。また，完全な気まま旅はソロツーリングに限って可能であり，かつある程度の経験から生まれる心の余裕がないと，本心から楽しめないかもしれない。かなりのリスクや期待外れを覚悟できない人にも勧められない。

というわけで，ビギナーのキミが初めて1泊以上のツーリングに行くなら，やはり計画をわりと密に立てるのがベター。あまり強行軍でない適当なところに目的地を定め，そこに至るルートを考える。途中のルートこそが大切だから，地図を見ながら色々と工夫してみるといい。海岸線は海を左に見ながら走りたい，とかね。この作業が，また楽しいのだ。走りたいルートから目的地（折り返し点）を決めたっていい。

■何処に行くか②

●一日の走行距離は？

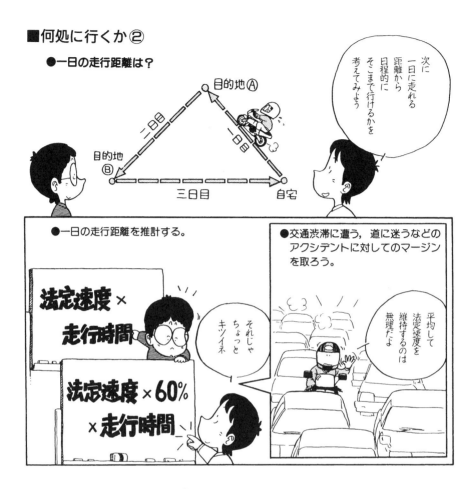

次に一日に走れる距離から日程的にそこまで行けるかを考えてみよう

●一日の走行距離を推計する。

法定速度 × 走行時間

それじゃちょっとキツイネ

法定速度×60% ×走行時間

●交通渋滞に遭う，道に迷うなどのアクシデントに対してのマージンを取ろう。

平均して法定速度を維持するのは無理だよ

ルートの決定と，そこを走るのに必要な所用時間の算出作業は，同時に行わなければならない。走り切れっこないルート図を書いてみても，しかたないだろう。それに，なんとか走り切れればいいというものでもない。確かに，1日800kmを走ってみよう，なんてスタイルのハードツーリングもある。が，それはチャレンジの面白さはあるものの，一般的な走る過程を楽しむ状況にはなり難い。ビギナーにはもちろん勧められない。

それに，いくら計画性を大切にしても，やはり旅なのであるから，楽しくやりたい。素敵な場所を見つけたら，5分といわず30分くらいはそこに立ち止まっていたいではないか。面白そうな脇道を発見したら，ほんの小さな冒険をやってみたくもなるでしょう。団体

のパックツアーじゃないんだから。となると，時間的余裕がいる。余裕を作るには，基本ルートにおいてそれを計算に入れた計画を立てなければならない。無計画部分を確保するためには，計画性が必要ってわけなのである。なかなか計画どおりに物事は進まないものだけれども，最初からイイカゲンな計画だとさらに事態はメチャクチャになる。そして，計画を立てたツーリングをこなしていくうちに，長距離を走るとはどういうことなのかが体で分かっていって，そこで本当の気まま旅を楽しむ実力ができるものなのだ。

さて，所用時間の算出法だが，これは当然，キミが走る速度（時速）で距離を割って出す。ところがこれが，簡単じゃない。「60km/hで走るんだから，えーと4

●走行時間は6時間を目途に。

法定速度×60%
（高速道路部分は90％ぐらい）

×6時間＝？

朝の9時から夕方の5時まで走ると8時間

昼食や休憩時間をとれば実際の走行時間は6時間が無理のない、ところだね

ははあ…

●一日の走行距離は，200kmから250kmが無理のないところ。

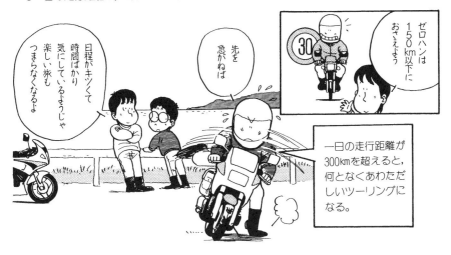

日程がキツくて時間ばかり気にしているようじゃ楽しい旅もつまらなくなるよ

先を急がねば

ゼロハンは150km以下におさえよう

一日の走行距離が300kmを超えると，何となくあわただしいツーリングになる。

時間で240kmで，1日で500kmかな」なんて考えるとしたら，とんでもないことだ。無理である。

　キミが「何km/hで走る」という気持ち上の数字に対して，実際に1時間で走れる距離は，まあ田舎の空いた国道のような条件のいい道でも，せいぜいがとこ70％くらい。走行区間に市街地や観光地，峠道などが含まれるなら，50％がいいところだ。交差点，カーブなどでの減速，その場でのクルマの流れ具合いと，色々な要素があるからだ。何も問題がなさそうな高速道路でさえ，平均時速80km/hをマークするには，速度計の針を90〜100km/hくらいにキープしなければならないほどである。

　アベレージスピードとは，そのようなものなのだ。

だから，地図から距離だけではなく，そこがどんな道かまで読み取って，区間ごとの所用時間を出していくべきである。名前は国道であっても，その実はクルマ1台がやっと通れる程度の狭い道だったりジャリ道だったりもよくあることで，そうなると平均20〜30km/hくらいしか出せないので注意したい。

　そうして出した時間に対して，2時間に1回くらいの小休止，昼メシ時間，アクシデントマージンとして最低1時間，さらにはキミの望むだけの余裕時間を加えたものが，1日の行程となる。それは，ガンバっても10時間，いいとこ8時間だろう。冬場は日が短いので，とくに気を付けたい。実走時間としては6時間くらいが，楽しめるツーリングの限度だ。

■何処に行くか ③

●余裕のあるプランづくりをしよう。

また次の機会に行くことにしましょうか

時間的に無理があるからここはパスしてこっちのルートを通って行こう

キツイ日程だと思ったら，素直に計画を変更することも必要。

●距離をかせぐ方法。

早朝に走る

連日だとキツイよ

お昼休みの時間帯に走る

○○ドライブイン

こういう走り方をすればある程度は距離をかせげるよ

高速道路を使う

走行料金は高いし単調でつまらないけどネ

前のページみたいな感じで予定を組めば，そんなにハードなスケジュールにはならないはず。しかし，必然的に行動半径は限られてくる。何日も休みが取れないとなると，ちょっと考えてしまうものだ。それに，一般道路だけで300km以上を1日に走るとなると，物理的には可能だけれど，ブラリ，ウロウロの余裕時間を削っていくしかなくなる。

もっと足を伸ばしたい，あるいはもっと余裕時間を作りたいと，誰もが思い始める。そこで思いつくのは「1日をもっと長く使えばいいじゃないか，24時間もあるんだから」というパターン。確かにそうだが，それをどんどん進めていくと，単なる移動になり，旅ではなくなる。せっかく時間とお金と体力を使ったのに

面白くなかった，なんてのはサイテーだ。日の出から日没までをフルに使うのも，日帰りならいいけど，毎日となると想像以上にキツイからやめとけ。ましてや日の出前とか日没後に走るのは，ただでさえ知らない道なのに暗いから神経ピリピリ，肉体疲労は重なるしで，ヤバイことばかり。夜景を楽しむのは，出先の宿をベースに20～30分という走りに留めるベシ。

時間を稼ぐには，1日により多くの時間を使う，という考え方を捨てるのだ。そして，同じ1時間をより有効に使う，という視点に立ってみる。1時間で移動できる距離は，走る道によって変わる。やり方によっては，眠っている間に移動してしまうことだってできる。頭を使うのだ。そして，その移動区間は，旅そのもの

●夜間走行はしないようなプランを。

疲れる → 早く宿に着きたくなる → あせる → 余裕がなくなる → 危険。

●最初から一人旅は避けた方がいい。

気の合う仲間2〜3人が心強いし走りやすいネ

どーしょ　えーんエンジンかかんないよー

不安

心に余裕がなくなると事故の危険が増すもんですよネ

ツーリング先で時間に余裕がなくなったら立ち寄るところを一部カットするくらいの臨機応変さが必要だよ

というよりも，エンジョイスポットへのワープと割り切ってしまう。もちろんそのためには，キミがツーリングを楽しみたいエリアを絞り込んでおく必要があることを覚えておいてほしい。

たとえば，素早く移動する手っ取り早い方法は，高速道路の利用である。たとえ100km/h制限を正直に守ったとしても，アベレージスピードはグンと上げられる。一般道路にしても，面白そうな海岸線や峠道，脇道の類をある程度は諦めて，1級国道やバイパス，それも観光地に近いようなところを避けた道を走る。地図上では近道になりそうだけどワケのわからないヘンな道を行く，なんてのよりだいたい速いし，少なくとも迷ったりの間違いはない。走りそのものを楽しめる

タイプの道ではないけど，なにしろワープの手段。

また，フェリーの利用も悪くない。眠ってる間に着けることもあるし，舟旅そのものもいい。たとえば，東京から九州は気の遠くなるほどの距離だが，フェリーなら夕方6時に川崎を出て，翌日の午後3時には日向に着いてしまうのだ。とくに，普段は陸上で生活している者にとって，舟に乗るというのは日常を切り捨てる実感が強く持てる。川崎―木更津間のフェリーで東京湾を渡るだけでも，別世界のつもりになれる。このパターンはオススメ。

さらに，飛行機さえ愛車と人間を同時に運んでくれるシステムがある。お金はかかるが，時間が買えれば安い？

■何処に泊まるか

キャンプも楽しいけれど疲れをとるには熱いおふろとあったかなふとんが一番

●宿を予約しよう。

予約していた方が安心。特に混雑する時期は，目的地に泊まれないこともある。

旅館○○

いらっしゃい

ここだここだ

時刻表の後ろのページや宿泊ガイドの本を参考にしてみよう

へえー時刻表にも宿泊所の連絡先が載ってるんですね

　２日以上のツーリングであれば，夜はどこかで眠らなきゃならない。そこで，バイクの機動性を最大限に活かすとなれば，これはもう野宿が一番。美しい草原で，とは必ずしもいかないものだが，国道端だろうが橋の下だろうが，その日の行動次第で適当なポイントに着いたら「今日はもう走るのやーめた」てなことが自由にできるのだ。

　だいたい，バイクに乗ることそのものがアウトドアスポーツなんだから，どうせなら徹底してアウトドアしちゃったほうがいい。完全に〝日常〟とは異質になれるしね。暗くなったら眠って，日の出るときに起きるという，人間らしい生活もできる。たとえマズイ飯でも，自炊も楽しい。それに，なにしろバイクって道

具があるんだから，堅く考えることはない。食い物はドライブインでというテもあるし，夜の市街地までひと走りも可能。フロはフロ屋まで走っていき，洗タク物はコインランドリーでＯＫ。たかが狭い日本，山奥の林道ツーリングでもない限り，どーにかなるってもんだ。気まま旅にはもってこいである。

　ただし，ツーリングのノウハウがまるでないビギナーには，気が重いかもしれない。それに，テントだシュラフだと，荷物も重くなる。持っていく物のパッケージングもろくに知らないわけだろうから，大変。初めてのツーリング，それも冬だったりしたら，やめといたほうが無難だろうな。ま，自由だけど。

　最も安全確実なのは，前もって宿を予約しておくこ

●予約なしの場合は，観光案内所へ。

○○町観光案内所

すみませーん　安い宿　紹介してくださーい

駅前か，観光地の道路脇の目立つところにあるから利用しよう。

●通りすがりの宿を，直接にたずねてもいい。

もっと安く泊まれるところがあるかもしれないし，満室の場合は次の宿を探さなければならないので効率的とは言えない。

泊まれますかあ―！？

キタナイかっこうをして行くと，空いてても断わられるゾ。

いいえ

ジロジロ

空いてますか？

フロント

旅館

予約をしていない時は宿を探す時間をみて早めに目的地に着くこと

とだ。とくに週末とか連休なんかだと，名所観光地の類では，飛び込みでは泊めてもらえないことが多い。宿泊予定地がひどくマイナーなところでない限り，本屋に行けばホテル，旅館，民宿，ペンションなど様々な宿のガイドブックがあるから，予約は簡単である。電話1本で済む。なお，予約した場合，到着時刻が遅くなりそうだと判断したなら，夕方5時ころまでに電話を1本入れておくのがマナーだから，覚えておくこと。当日になってのキャンセルは，半額から100％近いキャンセル料を取られてもしかたないと覚悟する。

かなりの出費があるのが難点ではあるけれど，宿を確保しておくのは安心なことに間違いはない。

同じく宿を取るのであっても，連休とかでなければ

飛び込みというテもある。探す方法で簡単なのは，そこが観光地であれば，観光案内所とか民宿センターなどに飛び込むこと。そんなものなくたって，地元の人に何回か聞いてみれば，だいたいが見つかるものだ。けっこうヒット率が高いのが交番で，オマワリさんはさすがよく知ってる。タクシーの運ちゃんもいい。

まず確実に泊まれて安いのは，駅周辺のビジネスホテルだが，面白みはゼロ。早めに探さないとメシを食いそこねるし，ボロ部屋かもしれないが，せっかくの旅なのだから小さな漁村なんかを当たってみるのが面白い。趣きがあるし，驚くほどうまいものにありつけることもある。いよいよ泊まるとこが見つからなかったら？　駅の待ち合い所とか，なんとかなるさ。

■予算のたて方

●余裕があればそれにこしたことはない。

日本では，1日にひとりも人間が通らない道なんて，そうあるもんではない。だから極端な話，バイク以外にあとはお金さえあれば，ツーリングはできる。お金なんかいくらでも，という人は世の中にはあまりいないもので，キミもたぶんビンボー人のひとりだろうけれど，やはりどこでも確実に力を発揮してくれるのはお金しかない。何が起こるか分からないのがツーリングだから，必要金額プラスαのαは，キミの金銭能力で可能な限り多いほうが，安心度は高い。

しかし，多額の現金を持って歩くというのも，不安である。落っことしたらまずアウトだし，世の中には悪いヤツも一杯いる。現金をすべて1ヶ所にまとめておくのは感心しないね。一部は身に付け，一部はカッ

ぱられそうもない大荷物の中とか，分散しておくのが常識。ブーツの内側に最後の切り札を張り付けとくなど，色々と考えられる。

ただし，今の時代に現金だけをごっそりかかえて歩くのも，ナンセンスな話だ。クレジットカードなどを有効に使いたい。いつでも現金化できる銀行などのキャッシュカードも便利で，大きなトラブルなどで預金をハタいても足りなくなったとしても，電話代さえ残っていれば，親や友人に泣きついて振り込んでもらうことも可能だ。ところで，日本中どこに行っても必ずあり，最大のネットワークを持つ金融機関とは何か知ってる？　郵便局ですよ！　それに郵便貯金のキャッシュカードには，日本信販のクレジットカードとジ

ョイントしたのもあって，ガソリン代の支払いなど便利だろう。

　もちろん，いくらカード時代だって，2万円前後の現金は常にキープしておくこと。田舎のメシ屋や民宿ではカードが使えなくて当たり前だ。そしてイザってときにはやはり，現金である。

　カードを使おうが使うまいが，ビンボー人に変わりはないわけで，使えるお金には限度がある。立ててみた計画に対して，どうも予算が不足気味，というのは淋しいけれどもごく普通によくある話。どこかを削ってガマンしなければならない。2泊のとこを1泊にするなど，ツーリングそのものを縮小するのが最も確実簡単だが，それでは面白くない。

　となれば，真っ先に削るべきは宿泊費。宿のレベルを下げれば，一気にかなりの金額が浮く。それには観光ガイドブックなんかに頼らない。早めに走るのを切り上げて（宿を決めてから周辺を走ればいい），オマワリさんでも誰でもかたっぱしからつかまえ，物オジせずに「安いとこないですかね」を繰り返す。港町の船員宿など，フトンは汚ないしカチカチかもしれないけど，2～3千円でも可。あとは食い物をケチる。宿を素泊まりにして，大衆食堂を使うのが，安くて腹一杯になってよろしい。

　豪華旅館に泊まって，うまいもの食って酒飲むのは，歳をくってからでもいいじゃないか。バイクに乗れるうちは，走ることで十分楽しめる。

■何を持っていくか①

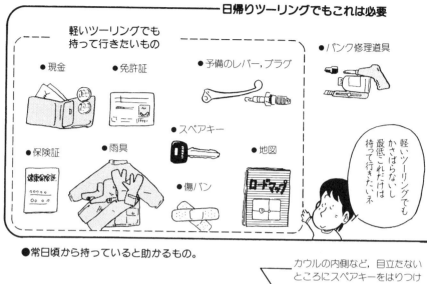

日帰りツーリングでもこれは必要

軽いツーリングでも
持って行きたいもの

- 現金
- 免許証
- 予備のレバー，プラグ
- パンク修理道具
- スペアキー
- 保険証
- 雨具
- 地図
- 傷バン

軽いツーリングでも
かさばらないし
最低これだけは
持って行きたいネ

●常日頃から持っていると助かるもの。

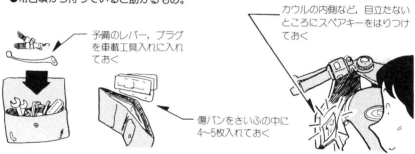

予備のレバー，プラグ
を車載工具入れに入れ
ておく

傷バンをさいふの中に
4〜5枚入れておく

カウルの内側など，目立たない
ところにスペアキーをはりつけ
ておく

何日ものツーリングとなると、「えーと，あれもいる
し，これもいるし……」てな調子で，ビギナーほど山
のような荷物を積み上げ，バイクに載せようもなくな
るものだ。それでは，身軽さが利点のはずのバイク機
能が台無しになるし，そういうセレクトのしかたに限っ
て，結局は使わないものが多くて必需品はない，と
なる。そのあたりのノウハウは，経験を重ねると自然
にできるものではあるが，まずは上の絵の下段をよく
見てほしい。これがベースだ。

まず，工具。最低でも車載用としてバイクに付いて
いるものは，欠品なくフルセットをそろえておく。で
も日本車のそれは，あまり使いものにならないのが常
であり，重要なものはちゃんとした市販品に取り替え

ておく。大きめのプライヤー，愛車に必要なサイズの
メガネレンチやスパナ，貫通型ドライバーを⊕と⊖の
両方，といったところが要点。そしてパンク修理キッ
トも，常に所持するのがベター。今のオンロード車の
多くはチューブレスタイヤであり，その修理キットは
ごくコンパクトだ。空気入れは，小型のエアボンベを
用品店で買って持ってればいいから不要。ボンベと修
理キットの両方でも，チョコレートの箱に収まるくら
いだ。まあ，このあたりは，普段バイクをいじってな
いと使いようがないのだけれども。

針金とガムテープは万能ヤッツケ修理道具。ガムテー
プは，少量だけ巻いて持ってるとカサ張らない。そ
れから，2液混合式の即乾型接着剤は，ガソリンタン

● タオル

● カメラ

● メモ，ペン

● 折りたたむと小さくなる
バッグ

● トレーナー

● スペアのゴムバンド

● 着がえ

たとえ1泊でも予備の下着1回分はほしい

● 洗面道具

● 胃腸薬，目薬

胃腸薬

目薬

● スニーカー

● 折りたたみのかさ

● 持っていると便利なもの。

ガムテープ〈布〉と針金があれば一時的な修理ができる

ビニール袋

雨が降ってきたら大きなビニール袋で荷物をくるんだりブーツカバーの代用だってできる

ガムテープで押さえる

クやラジエターのもれ止めにも使えて，便利なのでオススメ。

　エンジンキーは，出先でなくすと大変なので，スペアを持っていたい。これは体に付けるより，バイクの人目につかないとこに常備するのがベターだ。キーを使って開けるシート下とか，工具を使わないと出てこない場所では意味がないので，カウルの内側に張り付けるなど工夫してみてくれ。ここまでの装備は，うまくまとめればすべてバイク内部に収まるものであり，日ごろから用意しておこう。

　こうしたものに，最低限カッパと現金少々，クレジットカードなどを加えれば，日帰りツーリングはOKである。普段の生活圏から遠く離れるわけだから，連

絡用にテレホンカードも必携だ。カメラを持っていくと，楽しい思い出を残せるので，ないよりはあったほうがいい。ただし，写真撮影そのものが目的なら別として，スペースに制約が多いバイクでは，バカデカくて重くて壊れやすい一眼レフのカメラは，勧めない。最近の高性能な小型オートフォーカスで十分だ。

　これが何泊かのツーリングになっても，下着が数枚と，天候変化に合わせるための重ね着，歯ブラシ1本が加わるだけ。下着は3〜4セットあればよく，使い切ったらコインランドリーへ行くか，買っちゃう。どうです？　たいしたことないでしょう。こうして必要品だけを，コンパクトに持つ。ただスニーカーを1足持ってくくらいの遊び心は，ほしいけどね。

■何を持って行くか②

●なるべく持ち物は少なくする。

必要なものを
そろえてから
畳が多いよう
だったら
必要性の薄いもの
から
はずして行こう

着がえの
枚数を
減らして…と

よく使う
ものや
貴重品は
タンクバッグへ

ライディングのじゃまにならない程度に，前方にかつ，低く積むのがコツ。

必要な部分の地図を破くかコピーする

カメラは振動を嫌うから下にタオルを敷いてクッション替わりにする

ウインカーステーや，タンデムステップなどを利用しても良い。

　もしキミがキャンプツーリングをするのなら，コンパクトさと実用性の高さはおスミ付きの登山用品でそろえるのがいい。ただし，そうなるとどう工夫しても，かなりの大荷物になる。とくにソロで行く場合は大変だ。まあ，そんな荷物をリアシートにくくり付けて，ドロだらけで走る姿ってのも，なかなかカッコよろしいんですけどね。

　宿をとってのツーリングでは，そんな苦労はない。うまくやればタンクバッグひとつで済む。ところがキミがやると，どうかな？　小さめのバッグがもうひとつで足りなければ，前のページをもう1度読み返すべシ。それでも多すぎて，しかもソロツーリングでないのなら，連絡し合って荷物を分担するのがいい。基本

的な工具類やカメラなど，ひとりが持ってればいいものってのがあるはずだ。

　さて，荷物を入れるものだが，使い勝手のいいのはやはりタンクバッグ。バイクから離れるときも，ワンタッチで外せる。リアシートに付けるバッグは防水性の高いものを。なお，両方とも小さめのにしないと，ライディングがしにくくなる。ウエストバッグは，貴重品入れを兼ねて持っていくといい。デイパックも便利で，バイクに付ける荷をなるべく小さくしたい林道ツーリングなどは，絶対コレに限る。

　どの場合でも，荷物は1ヶ所に大量を載せずに分散させること。ライディングポジションやバイクの重量バランスを乱さないためだ。

■どんなウエアを着るか

安全上では革ツナギが一番だけど着がえがない場合は困ることが多いネ

ちょっと散歩に行ってきまーす

カラコロ

●ジャケット＋ジーンズがスタンダード。

暖かい時期でも，山間部や日没後などはグッと冷え込むので，ジャケットとトレーナーは必ず持参しよう。

日帰りならば革ツナギでも不自由ないと思うけど ネ

下界はあったかかったのに…

軽い転倒でも傷つきやすい手足には，必ずグローブ，ブーツを着用。

　ネコもシャクシも革ツナギで走る時代になった。安全性は確かに高いかもしれないが，これが快適性となると〝?〟である。夏は暑いし冬は寒い。通気性がよくないし，重いし，動きやすさもジーンズにジャンパーのスタイルから較べればどうしたって落ちる。季節にもよるし，人それぞれの好みで勝手だけどね。
　やはり常識的には，コットン系のパンツと長ソデのワークシャツ，それにウィンドブレーカーの役をする季節に合ったジャケットが基本形。寒いときには，これにオーバーパンツやツナギ型防寒具が加わる。なお，夏場であっても，薄手のスェーターなどいく通りかの重ね着パターンを整えておくこと。南北に長い日本である。それに高地に上がると一気に気温は下がり，そ

れに走行風の影響が加わる。いつもの街で走ってる感覚だけしか持ってないと，痛いめに遭うゾ。
　何が必要で，何が不要であり，てなカタい話が続いてきたけど，起きてる間は常に走ってるわけじゃないだろう。もちろんバイクが好きでツーリングしてるのだが，排気ガスで汚れた臭いGパンだけで3日以上もとなると，どうかねえ。パッキングに余裕が作れるならば，スエットスーツの1着もあると，ずいぶん気分が変わる。夏ならジョギパン。小さくなるからいいね。宿を出て街をブラつくのに革ツナギなんてのは時代錯誤もいいとこ。やはりシチュエイションに合わせて，スカッと楽しみたい。だからいったでしょ，スニーカーが1足いるって。

■ツーリング前夜

●愛車のチェックはおこたりなく。

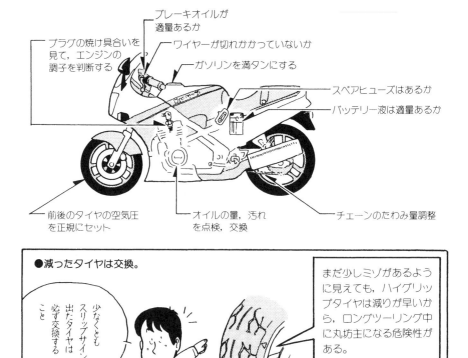

- ブレーキオイルが適量あるか
- プラグの焼け具合いを見て，エンジンの調子を判断する
- ワイヤーが切れかかっていないか
- ガソリンを満タンにする
- スペアヒューズはあるか
- バッテリー液は適量あるか
- 前後のタイヤの空気圧を正規にセット
- オイルの量，汚れを点検，交換
- チェーンのたわみ量調整

●減ったタイヤは交換。

少なくともスリップサインの出たタイヤは必ず交換すること

まだ少しミゾがあるように見えても，ハイグリップタイヤは減りが早いから，ロングツーリング中に丸坊主になる危険性がある。

　ツーリング出発の予定日が近付いてくると，だんだん落ち着かない気分になる。とくに初めてのロングツーリングなら，なおのこと。分かるなぁ，その感じ。期待が次第にふくらんでいくこともあるし，一方で不安にもなるからだね。とくに，出先でバイクがトラブることを考えだすと，心配でたまらなくなる。

　しかし，7章にあるような愛車の整備や点検をキミが普段からやっているのなら，何も心配することはない。やるだけのことがやってあれば，いまどきのバイクはそう簡単に壊れるものじゃないし，あとは運を天にまかせるしかないだろう。もちろん，人間だからチェックミスはあり得るし，当日の朝になってドタバタするなんてサイテーだから，念には念を入れて，前日

に最終チェックをするのは当然だ。でもそれは，整備手帳に載っている始業点検くらいのものでいい。

　ぬかりなく点検するための項目リストを，「ネンオシャチエブクトウバシメ」の呪文で覚えておけ。ネンは燃料。オはオイル。シャは車輪のガタやタイヤの状況。チはドライブチェーン。エはエンジンの異音やオイルもれなど。ブはブレーキ。クはクラッチ。トウは灯火類やヒューズなど。バはバッテリー。シメは各部のボルトやナット，ネジ類の増し締めだ。

　一方で，キミが普段は愛車を放っぱらかしにしてロクに整備していない場合は，前日になってからチョロッと見るくらいでは済まない。もっと本腰を入れてかかるのだが，それはたとえ時間が取れたとしても，前

●荷物は夜のうちに積んでおく。

タンクバッグは台座だけ

朝のぼ〜っとしている時を避けて余裕のある前日のうちにしっかり積んでおく方がいいネ

●ヘルメットのシールドは，クリアに交換する。

トンネルならまだしももしも夜の走行になったらスモークシールドではアウトだからクリアに交換しよう

カチッ

明日の準備をすべて整えて早めに寝ることが結局楽しいツーリングにつながるんだよ

日になってからでは遅い。重大な要整備箇所を発見できたとしても、そんなに急にはバイク店が修理を請け負ってくれないとか、部品が間に合わないとか。それに、直前になってから大きな修理や改造をすると、その部分から出先でトラブル発生、というパターンは、じつはよくある話である。だから、1週間くらい前に点検し、手を入れたなら数日は乗って様子を確認しておく必要がある。

　たとえば、エンジンのオイルもれを発見、分解修理をしたなら、エンジンの調子全体をチェックしながら少し走り込んでみる。作業を行ったのがキミではなくてベテランの整備士であっても、同じこと。愛車の調子を一番よく知っているのは、やはりキミだ。また、

長距離を走ると予想以上にタイヤは減るもので、「だいぶ減り気味だけど、どうかな？」というくらいなら必ず交換すべきだが、そこで注意。タイヤにも慣らし運転が必要なんだゾ！　内部のカーカスのなじみを出し、またトレッド表面の滑りやすい部分が取れて、初めて本来の性能が出るのだ。

　このほか、長距離走行だからこその注意点を数例あげておく。スロットルやクラッチのワイヤー類は、その両端にほつれが少しでもあれば交換。ドライブチェーンは、ピン部の作動が悪くなって停止時にギクシャクしたラインになるようでは、切れる可能性あり。ブレーキパッドも、余裕を持って交換し、当たりを出しておかないと効かない。

■さあツーリングだ①

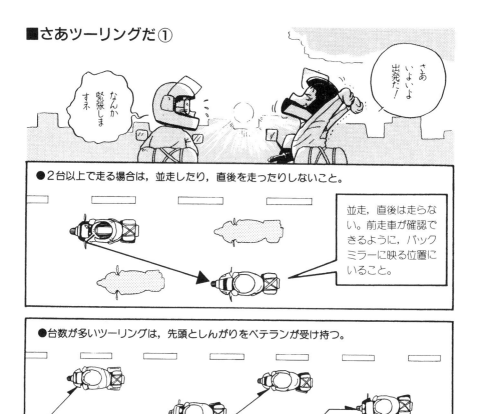

●2台以上で走る場合は，並走したり，直後を走ったりしないこと。

並走，直後は走らない。前走車が確認できるように，バックミラーに映る位置にいること。

●台数が多いツーリングは，先頭としんがりをベテランが受け持つ。

後続車のペースを考えられるベテランライダー

間に初心者ライダー

先頭と離れた時などに頼りになるベテランライダー

ツーリングは，ひとりで行くのが一番気を遣わないで済む。出発時刻も，休憩のタイミングや時間も，キミひとりの都合や好みで勝手に決めればいいのだ。それに，他人に合わせて走るってのは，想像する以上に難しくて疲れるものなのである。たとえば，Ａのライダーに，Ｂのライダーが従って走る場合。とくに飛ばすつもりはなくても，Ａ君のほうがウデがいいときには，ワインディングに限らずＢ君は苦しくなる。これは分かるね。排気量などバイクの差も同じこと。またそういう意味でなくても，Ａ君が40km/hで軽く流しているのに合わせようとすると，Ｂ君は実質で50km/hくらいで走らなけりゃならなくなるっての，知ってる？

このＡ君とＢ君の関係は，ふたりから3人，4人とグループの人数が増えるほどに，顕著に表われてくるものだ。仲間が多いほど，ツーリングは難しい。

だから，そういうことを理解していない初心者ばかりのグループツーリングは，一番疲れるし危険でもある。仲間がいると心強いような気がするかもしれないが，それくらいだったらひとりのほうがいい。

しかし，述べたようなグループツーリングのノウハウを心得ていて，キミのようなビギナーに合わせることもできる精神構造の持ち主であり，上の絵のような心配りをしてくれるベテランが同行する場合は，ちょっと様子が変わってくる。長時間走り続けるときは，うまい人の後ろについていると楽なものなのだ。キミ自身でペース配分を考えながら走らなくて済むからだ

●信号通過では，後続車が信号を通過したか確認する。

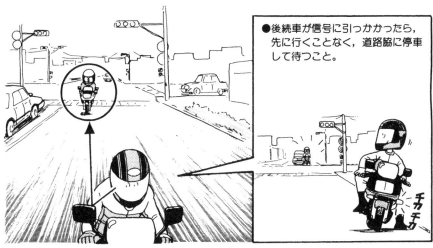

●後続車が信号に引っかかったら，先に行くことなく，道路脇に停車して待つこと。

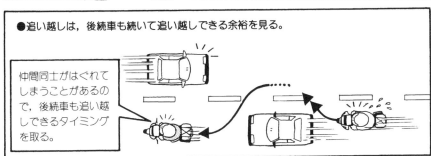

●追い越しは，後続車も続いて追い越しできる余裕を見る。

仲間同士がはぐれてしまうことがあるので，後続車も追い越しできるタイミングを取る。

ね。そういうベテランなら，休憩のタイミングや時間もうまく取ってくれて，気付かないうちに疲れていて事故を起こす，なんてことも防いでくれるだろう。バイクがメカトラブルを起こしたときなどにも，そういう人は手助けする実力を持っている。

まあ，初めてのロングツーリングにひとりで出かけるのはちょっと不安，と考えるのが普通かもしれない。それに，仲間同士でワイワイやる楽しさってのは当然ある。複数のよさは色々とあるわけだが，やはりその場合はベテランが最低ひとりはいたほうがいい。

複数もいい，とはいえ，それが5台を超えるとなると考えものだ。交差点の通過や追い越しはもちろんのこと，様々な場面で列が乱れやすくなる。それを無理

に乱すまいとする。それはもう，徒党を組んでの暴走行為以外の何ものでもない。ハタ目に不愉快なのはもちろん，事故の元でもある。もしそんな台数ならば，3～5台のグループに分ける。そして，たとえふたりだけのときも守ってほしいことだが，無理にいっしょに走ろうとしないこと。休憩地などから出発するときに，必ず次の集合地を打ち合わせておき，はぐれたらそこで落ち合うようにする。このほうが，気分的にも楽に走れるでしょう。

それでも離れ離れになったときのためには，自宅や宿泊地など連絡ポイントの電話番号を決めておく。こうすれば，互いが別々に電話しても，相手の居場所の電話番号とか行動がすぐ分かるってわけだ。

■さあツーリングだ②

●1～2時間に１度は休憩を取ろう。

走り始めて１～２時間たったら，休憩を取ろう。バイクを降りてヘルメットを脱ぎ，少し体を動かしてやればリフレッシュする。

●眠くなった時は，冷たい水で顔を洗うと効果的。

気持ちいい

いよいよがまんできなくなったら，おもいきってベンチなどで仮眠をとる。

　バイクはクルマより絶対的に疲れる。その要因のひとつは，走行風が直接体に当たることで，これはどんなウエアを着ても完全になくすことは不可能。同様の意味合いで，気温など外気の影響をモロに受けもする。

　もうひとつの要因に，体のサポート形式がある。クルマでは，太モモから尻，背中と広い面をシートでホールドしてくれる。バイクは，いってみれば尻だけだ。腕に体重を分散させると，かえって肩や手首が疲れるし，バイクってそうして乗るもんじゃなかったでしょ？　それくらいなら，ステップを少し強く踏んで足でも体重を支えるほうがいい。

　このように体を支える部分（面積）が少ないにもかかわらず，ライディングフォームというのは，人間の肉体が本来リラクセイションしたときの形とはほど遠い不自然なもの。とくに最近のスーパースポーツのはね。加えてツーリングでは，体の動きはほとんどない。各関節はヘンな形に曲がったまま固定されており，筋肉への負担は大きく，血行は非常に悪い。そしてさらに，走るということはそれがたとえ直進でも，かなり神経を遣うものであり，脳が疲労する。

　つまり，ツーリングで疲れるのは，水泳やジョギングの疲労とはちょっと意味が違うのである。この疲労が進むと，理性的判断力も反射神経も鈍る。頭脳が働いたとしても，肉体が瞬間反応できなくなる。危ないのだ。ところが悪いことにこのテの疲労は本人が自覚できないことが多い。「眠い」というのはもちろん，前の

●寒い時は，持ってるものを重ね着して，最後はカッパ！

晴れてても
カッパ
これが
一番暖かい

かっこう
なんか
気にしない

腹の中に
新聞紙を入れると
暖かいんだよ

●雨の時は，おっくうがらずに早めにカッパを着よう。

まだいい，まだいいと思っている
うちにびしょぬれになってしまう

きた
きた

高速道路では，雲の動きや
対向車がぬれているなどか
ら行き先の雨を予測し，早
めにP.Aに入る。

?

クルマのテールランプばかりとかの一点を見ているな
ど「ボンヤリしてる」とか，肉体的には尻や手首が「痛
い」などは，完全な赤信号。絶対に根性で走り続けた
りしてはいけない。そうなってからでは本当は遅いの
であり，「まだ平気」のうちに休め！
　その休憩を取るタイミングだが，これは人それぞれ
の能力，各走行状況によって変わる。けれども，あえ
ていうなら連続走行は2時間が限度。距離ではなくて
時間なのだ。高速道路と一般道など，その時間内に走
る距離は様々だろうが，長くても2時間に1度は休む
べきだろう。とはいえ，あまりチョコチョコ休むのも
リズムが狂ってよけいに疲れる。1時間から2時間の
スパンで小休止し，それは10分間くらいに抑える。食

事などを含めた1時間近くの大休止は，4〜5時間め
に取る。まあ，楽しむためのツーリングだから，素敵
な場所を見つけたら迷わず大休止だけど，高速道路走
行などではよく計算しておいたほうがいい。
　休憩時には，ただボケッと座っていてはダメ。先に
記した疲労要素を手当てするのだ。全身の関節をよく
動かし，各筋肉をほぐして血行をよくするためのスト
レッチングを実行。その意味がよく分かんない人は，
背伸びしながら大アクビして，まわりを少し歩くこと
くらいはやってくれ。遠くの景色を見たり，ジュース
を飲んだり，誰かと話をしたり，地図をチェック，な
どのライディングとは異質のことをやるのも，脳のス
トレッチング（？）になっていい。

■さあツーリングだ③

●ライダー同士，ピースサインを出そう。

すれ違いざまにサッと手を上げて，ライダー同士にしか判り合えない一瞬のコミュニケーション。

少なくとも相手がピースサインを出したら無視することなく返すことだよ

●両手が離せない状況の時は，頭をペコリと下げるだけでも良い。

ペコリ

ピース!

コーナリング中にハンドルから手を離せ，というのも土台無理な話し。

クルマ同士が，すれ違うたびに合図をかわすなんてことはあるわけがない。ドライバーそれぞれが無関係の世界にすんでいて，別種の仕事，ファミリードライブ，デート，ナンパ，などなど様々な目的で走っている。クルマの種類を見たって，バス，トラック，ライトバン，乗用車，スポーツカーと色々だ。そんな調子なのに，道で向かい合った見知らぬドライバーにいきなり「オッス」なんてやるのは，朝の新宿駅で人ごとに挨拶してまわるようなもん。「なんだ，頭が狂ってんのかな」と思われるのがオチだし，やってるほうも疲れちまう。

一方，登山者の間では，すれ違うときに必ず下り側の人が立ち止まって道を登り側にゆずりながら，互いに「こんにちは」と挨拶を交わすのが常識。道をゆずったゆずられたということも少しはあるが，そんなことがなくても，自然にこの言葉は口から出てくる。林業関係者など仕事で歩いている人も中にはいるが，その彼らをも含めて，山道で出会う人はまずほとんどが，自然が好きで歩いている。また，底知れぬ力を持つ大自然の中で，ほんとにちっぽけな点の存在となっている自分に誰もが気付いており，そんな者同士がたまにポッと出会うものだから，「ああ，人間がいた」という安心感ともなんともつかない気持ちも湧いてくる。いざとなったら，その場に居合わせた者同士が助け合わないことには，簡単に死んでしまうくらいの世界でもある。まずは見知らぬ者同士ではあるけれど，同じよ

●バイク仲間は友だちだ。

どちらから来たんですか？

お互いバイクに乗っているというだけで，仲間意識が生まれる。軽い気持ちで話しかけてみれば，案外楽しい話題に事欠かないもの。旅先の情報交換なども忘れずに。

●写真を撮ろう。

写真は，どんなおみやげにも負けないおみやげになる。整理して，後で見返しても楽しいもの。

小石などで，カメラを安定させれば，三脚なしにセルフタイマーで撮れる。

うな趣味，考え方，運命にあることを知っているから，アカの他人でもないような気がして，「こんにちは」となるのである。

　もっとも，そういう本格的登山をしている山男諸氏がハイキングコースにまぎれ込んだ場合，心境は複雑になる。どんな低い山だって自然の底力に変わりはないのだが，そこを歩いているハイカーたちの様子は，どうも深い山の中で出会う人間たちとは違う。スニーカーの男もいれば，ときにはスカートの子も。オバサンの同窓会ハイカーもいれば，アベックも。第一に，出会う数が多すぎる。最初のうちはひとりずつに「こんにちは」をやってた山男氏も，しまいにはくたびれちまう。なかには言葉をかけても「なに？　このきた

ないオトコ」てな目で見られて無視され，せっかくの心も沈む。そのうち，ラジカセをガンガン鳴らしながらコップ酒をアオッてるグループと出会ってむこうから「コンチャッ」なんて声かけられても，「うるせーや，オレは山に会いに来たんだ」と無言で知らんぷりもしたくなるってものだ。

　バイクに乗るということは，以前は登山者の心境に似たところがあった。が，この10年ほどで急にクルマ社会に近付いた。少なくともハイキングではある。ピースサインの出し方も難しくなったものだ。でも，ハイカーの群れの中にも「山男」はいるのであって，ロングを走ってるのなどまさにそれ。見分け方は，慣れと勘。キミも「山男」になれるかな？

181

■ネズミとり対策

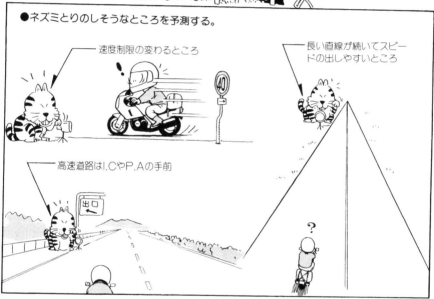

●ネズミとりのしそうなところを予測する。

速度制限の変わるところ

長い直線が続いてスピードの出しやすいところ

高速道路はI.CやP.Aの手前

　ツーリングで一番シラケるのが，事故，それに赤キップ青キップをプレゼントされること。誰も「くれ」なんていってないのに，ごていねいに振り込み用紙付きで「どーぞ」ときたもんだ。

　絶対に速度超過違反でパクられない方法はといえば答は簡単で，常に制限速度以内で走ればいい。でも，答は簡単だが，実行は極めて難しい。日本には20㎞/hとか30㎞/hとかバッカみたいな標識がけっこうある。理屈で考えれば狂ってるけれど，とにかく法は法であって，法治国家だから我々はツーリングなどを楽しむこともできるわけだから，たとえ10㎞/hオーバーでも捕まれば，まあしょーがない。

　でも，人殺しやドロボーとはワケが違うのが，この違反。街なかを100㎞/hで走るとかを容認するつもりも，すべての制限速度が無意味だというつもりもまったくないが，ごく常識的な交通の流れのペースに乗っているのなら，「捕まらなきゃいいんだろ」の考え方もある。なにせテキも各地方の公金を稼ぐため，そのノルマをこなすために，セッセと行動なさってる部分もあるのだから，こちらも防衛策を考える。

　その方法は，パトカーや白バイの追尾なら，バックミラーをいつもよく見てること。レーダーや光電管でのいわゆるネズミとりには，上の絵のような方法を取ることと路肩を見ること。バイク用のレーダー感知機も市販されている。オービスは今のところはだが，バ

イクにはあまり関係ない。

とはいえ、よく注意しろってことでしかないわけであり、それで済むくらいなら誰も捕まりはしない。先頭を走っていなくても、最近は5台くらい一度に計測するレーダーすらあるらしい。流れに乗ってても、ダメなときはダメ。ひと吹かし100km/hの今のバイクで制限速度を守る自信がなく、かつ絶対に捕まりたくなければ、バイクなんかやめちゃえ。チャリンコでサイクリングしてればいい。

と、いかにもキミたちライダー諸君が「そうそう、困ったもんだ」と同意しそうな話をしたあとで、ちょっと待て。制限速度が60km/hだとなれば、みんなが70km/h前後で走る。法律がこうだからと、その限度の上下あたりでウロウロする。速度に限らず、交通に限らず、これはごく日本人的島国感覚。規則がどうのとブツブツいいながら、じつは規則にあまえてる。だから、事故が起これば新しい規制ができ、一度できたものはまず消えない。お上の悪口はすぐにそう言えるが、キミ自身も同じではないのかな？

自分で自分を律する精神構造を持つべきである。誰が悪いとか、法律がどうかという前に、絶対に事故を起こさない、少なくとも他人を巻き込まないような運転、状況判断。見知らぬ道ではとくに交差点やカーブに限らず、最大限の気配りをしても足りないくらいだ。速度も自ずと決まる。痛いめに遭うのはまずバイク。それから較べるなら、赤キップなど小さなことだ。

■トラブル対処法①

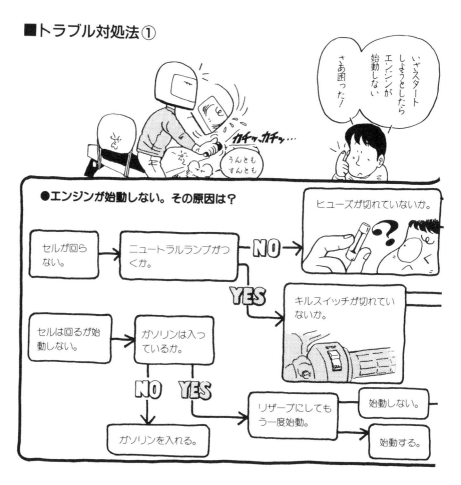

いやスタートしようとしたらエンジンが始動しない。さあ困った!

うんともすんとも

ガチャッ,ガチッ…

●エンジンが始動しない。その原因は?

ヒューズが切れていないか。

セルが回らない。 → ニュートラルランプがつくか。 → NO

YES

キルスイッチが切れていないか。

セルは回るが始動しない。 → ガソリンは入っているか。

NO　YES

ガソリンを入れる。

リザーブにしてもう一度始動。 → 始動しない。

始動する。

　出先でのトラブル対処法の第1は，トラブルを最初から発生させないことである。どんな名整備士であろうとも，山の中でいきなりエンジンがブッ壊れたら，こいつはちょっとやそっとでは，直せるもんではない。

　ましてやキミのような素人では，たとえスナップオンの工具フルセットとサービスマニュアルまるごと1冊あったとしても，手の出しようもないことが多いだろう。だいたい不調の原因を発見するまでが修理技術の大半であり，常にそれが一発で分かるのは超一流の整備士ということになる。そして万一，その原因がわかったとしても，それを直す技術も部品も，そして解決策をねり出す頭も，キミにはないのだ。

　だから，まずはトラブルを発生させないために，ツ

ーリングに出る前に十分な点検整備をしておくことである。そしてツーリング中も，朝の出発前には必ず例の「ネンオシャチエブクトウバシメ」の呪文に従って点検する。それでちょっとでもあやしい点を見つけたなら，まあなんとかなるだろ，なんてことは絶対に思わず，すぐに専門店で調べてもらう。走行中に異音や不調を感じたときにも，迷わずショップへ。そうやって最悪の事態になる前に行動する。

　また，普段から愛車の点検整備を十分にやっていれば，バイクとはどういう構造仕組みで成り立っているのか，そして機械をいじるとはどういうことかが，少しではあっても分かってきているはず。そういう経験知識こそが整備技術であり，万一のトラブルのときに

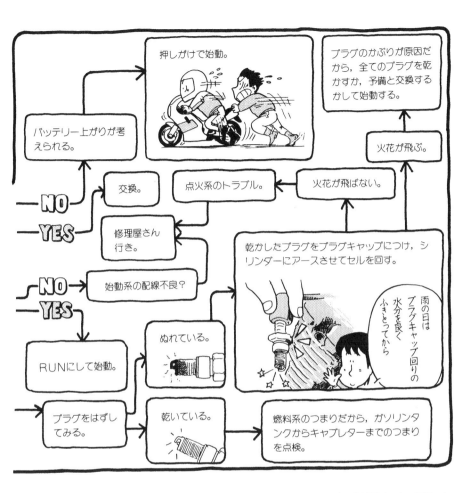

多少とも役に立つはずだ。プラグ1本も外したことのないヤツに，何をいってもムダであろう。

　まあ，事前の点検整備が十分ならば，今どきのバイクはそう簡単に壊れるもんではない。最もトラブルの発生率が高かった点火系にしても，プラグの熱価はワイドになり，耐久性もアップした。ポイントの付いてるバイクなんてまずなくて，フルトランジスター，あるいはCDI点火だ。前日まで調子よかったエンジンが朝になって急にかからない，というときの原因は，たいていごく単純なものである。上の絵のトラブルシューティングを参考にチェックしてみるといい。

　ハードウエアがいくら高性能になっても，けっこう多く発生するのが，燃料系のつまり。セルを回し続けたり押しがけしても，プラグは湿らないしマフラーからも生ガスの臭いがしてこないときは，これだ。キャブレターに付いている燃料ホースを外し，燃料コックをON（負圧作動型の場合はPRI）にしてもガソリンが勢いよく出てこないなら，ガソリンタンクのキャップを外してみる。これで出るなら，キャップあるいは別に付いているブリーザーのつまり。そうでなければコック部（ストレーナー）のつまり。ホースからは出るが，というのならキャブを分解する。

　エンジン以外では，パンクが一般的なトラブル。これは修理キットさえあれば済むが，一度もやったことがないとなると，さてどうかな？　ポンコツ屋のバイクであらかじめ練習しておくことを勧めるね。

■トラブル対処法②

転倒してどこかが壊れたとしても知恵と道具を使って何とか走り続けよう

●シフトレバーの折れ。

低速トルクのあるバイクは3速2サイクルのレプリカモデルなら1速か2速がいいだろうネ

プライヤーでギアを2速か3速に入れ, 半クラッチでスタートするなどして, ワンギアで走行する。

●アクセルワイヤー切れ。

キャブレターのスロットルスクリューをねじ込み, アイドリングを上げてやる。

こんな方法があるよ

切れたアクセルワイヤーをドライバーなどにまきつけ, 直接引っぱって操作する。

ツーリング先のバイクトラブルで一番多いのは, エンジンの中身とかじゃなくて, 転倒してキミ自身が物理的にブッ壊すことだ。転ばないように走ればいいとはいえ, なにせバイクはタイヤがふたつしかないのだし, コケちまったもんはしょーがない。第1にチェックすべきはキミの体だが, 打ち身スリ傷程度で走れるのなら, 次は愛車のほうをなんとかして, とりあえず修理屋までたどり着く方法を考えることになる。

だが, そこでまずはイップク。「やーれやれ, まいったねこりゃ, へへへッ」と苦笑いのひとつもしながら心を落ちつけることが大切なのだ。コケたときには気分も動転してるもの。それにカッコ悪い。ドタバタと慌てて愛車を引き起こし,「たいしたことねーから行っ

ちゃお」なんて走り出し, 最初のカーブにさしかかったら, なんとブレーキレバーがなかった！ というようなパターンて, よくあるのだよ。

ひと休みして5分くらいたってから, やおら愛車をチェックする。隅々まで十分にやる。とくにブレーキの効き具合い, スロットルの戻りのスムーズさ, フロントフォークの曲がり, ホイールのゆがみなどはよくチェックしておかないと危険だ。そして問題箇所が, 応急修理することが可能かどうか, 自分で修理して走ることが危険でないかを, よく考えて判断する。無理かな, 危ないかな, といった迷いが少しでもあるようなら, やめておけ。通りかかるバイクやクルマに乗せてもらって, 最寄りの修理店, あるいは電話のあると

●クラッチワイヤー切れ。

勢いがついたらバイクに飛び乗り，ノークラッチでギアをセカンドに入れる。

ニュートラルのままバイクを押し出し，勢いをつける。

Neu-tral

スロットルを戻した瞬間にシフトアップ，スロットルを一瞬開けてシフトダウンすれば，ノークラッチでシフトチェンジできる。

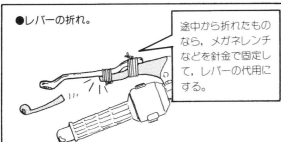

●レバーの折れ。

途中から折れたものなら，メガネレンチなどを針金で固定して，レバーの代用にする。

あくまで応急修理だから早めに修理屋さんに行くことだよ

ころまで行く。

　こんなときのために，ツーリングの予定ルートにそった専門店などのリストを，行きつけの店などでコピーしてもらって持っていくといいね。４輪のＪＡＦみたいなものも，一般の営利会社だがある。そうしてお金が少々かかってもいいじゃないか。たとえ修理不能で電車で家に帰ってもいいじゃないか。デカイ２次事故を起こせば，それで終わり。五体満足なら，ツーリングはまた来れるのだ。

　簡単なトラブルについては，上の絵のような対処法がある。けれども，どこがどういう具合いに，どれくらい壊れるかは，まったくもって千差万別。それぞれの事態に対し，手持ちの部品と工具でなんとかヤッツ

ケルのは，長い経験と知識による技術と，その場のヒラメキでしかない。ここでもやはり，普段から愛車を徹底的に触ってるかどうかが問われるのだ。

　ところで，転倒するとガソリンタンクやクランクケース，ラジエターなどにクラックが入ってしまうことがあり，これはやっかい。そんなときのために，エポキシ系の２液混合型即硬化接着剤を持っていく。バイクを傾けるなどしながら，クラック部の油気や水気を取り，なるべくきれいに研いでから，新しいウエスなど（なければシャツ）にこいつをタップリ塗って張り付ける。熱にも油にも強いので，まずはＯＫだ。

　なお，他人がそんなトラブルで苦労してるのに出会ったら，必ず止まってやれ。「山男」の心だね。

§7 愛車のメンテナンス

　愛車。愛すべき自分の所有するバイクは，恋
人になれる。あなたが男性ならばバイクは女
性。女性ならばそれは男性。恋人とは，与え，
与えられるからこそ恋人だ。一方通行に求め
るだけでは恋人とは言えない。バイクでも同
じさ。乗りっぱなしで軒下にほったらかし。
それじゃキツイしっぺ返しが来たとしても文
句を言えないよ。愛車が愛車であるために，
スパナを握ってみよう。それは愛車との，も
うひとつの対話でもあるのだから。　（村井）

■まずは洗車から

●整備の基本は，バイクをキレイにすることから。

スクリーンは傷つきやすいので慎重に

毛の柔らかいブラシが傷つきが心配ならセーム皮

汚れの流れ落ちを考えて上から下へ洗うこと

エアクリーナー付近や配線系にはなるべく水を入れないようにしよう

手の入らないところは，使い古しの歯ブラシなどを使う。

油汚れは，灯油で洗うと良く落ちる。

灯油をブラシにつけて…

　構造だとかメカニズムとかいうものなんて，まるで知らなくたって，とりあえずバイクを走らせることはできる。だいたい，今のバイクはそうやたらに壊れるもんじゃない。昔は，通称〝ポイント〟と呼ばれる点火用のコンタクトブレーカーのギャップ，接点の表面，作動タイミングなどをしょっちゅう点検整備してやらないと調子よく走れなかったものだが，もうポイントそのものが使われなくなった。だから，チェックする必要はないし，やりようもない。この点火系を筆頭に，各部の材質や工作精度も非常によくなっているので，ガソリンとオイルさえちゃんと入れておけば，それだけで一応は走ってくれる。

　でも，正確にいえば，それは単に〝動く〟といった程度でしかないのだ。その持てる真の機能を最大限に発揮させてやる〝操る〟という行為とは，ちょいとばかしレベルが違う。

　最大限に発揮させるという意味は，速く走ることに限らないので，誤解しないでほしい。たとえば，イザというときでも，安全確実に停止できる制動能力を確保しておくことも，そのひとつだ。快適に，気持ちよく走ることも，いやこれこそ，機能発揮である。

　そして，これは重要なことなのだが，いいかげんな整備状態のバイクに乗ってると，いつまでたってもキミのライディングテクニックは上達しない。そればかりか，ヘタクソになる。一度間違ったテクが染み付いてしまうと，なかなか抜けないものだ。とくにそれが

●洗車後は，ふき取りをしてワックスアップ。

いつまでも新車の輝き！

さびの原因になるから水分は良くふき取ること

アルミホイールなんて簡単に腐食するんですよ

●プラスチック系の部品には，静電気防止のつや出し剤を使おう。

ワックスをふき取りした時に静電気が発生し，ゴミを吸い寄せる

静電気防止を兼ねた家庭用のつや出し剤を使ってみよう

一石二鳥ですね

まめにみがいているとボルトのゆるみや脱落が発見しやすくなるよ

バイクに乗り始めのころだと，影響はデカイ。ビギナーほど，完璧にメンテナンスされたバイクに乗らなくてはならない。スロットルグリップやステアリングヘッドの動きがシブいバイクに，まあ動くからいいや，なんて言ってそのまま乗ってると，もうメチャクチャなことになる。この本のテクニックの章を読めば，だいたい想像がつくはずだ。あるいは，チェックもしてないと自分の愛車が整備不良であることにすら気付かずに，バイクってそんなもん，と体が覚えてしまうかも。そうなると最悪だ。

もう何回も言ってきたことだけれども，バイクライディングとは，道具を使うスポーツである。自分の肉体の側だけを，どう工夫したところで，何の結果も生ま

れないのだ。コンビを組む相手，道具たるバイクの成り立ちを知り，それを活かす操り方をしていかなければならない。また，本来あるべき成り立ちに保ってやる整備をしなければならない。そのためには，常に愛車に触れることで，ある程度は構造知識を得たり整備したりをする。ライダーにはその義務がある。

とはいえ，エンジンの完全分解までやる必要はないのだ。それに，最初からヘタに手をつけると，かえってバイクを壊しかねない。そんな難しいことをやれといっているのではない。まずは，徹底的に愛車を磨き上げろ！　そうしていくうちに，自然とバイクの構造や取り扱いを覚えられる。不具合い箇所の発見もできる。第1に清掃。これは整備の大原則なのだ。

■ネジ, ボルト, ナットのゆるめ方

●ネジのゆるめ方。

ネジの頭にぴったり合ったサイズのドライバーを使うことが第一条件

ゆるまないネジは, スプレー式潤滑剤を吹きつけたり, 貫通型ドライバーの柄を金づちでたたいて, ネジにショックを与えながらゆるめる。

しっかり押さえつけながら回す

押さえ方が不足だとネジ山をつぶしてしまうよ……

どうもナットをねじ切ったりする不安があってネ…

最初はみんなそうさ

コツを覚えれば簡単さ！

愛車整備において, 洗車の次にやらなければならないこと。それはネジやボルト, ナットなどを緩めたり締めたりするテクニックだ。機械というものは, 基本的に部品と部品をこれらでくっ付けて成り立ってるのだから当然だね。「なんだ, そんなの簡単」とキミは思うかもしれない。ところが, このテクがないと何も始められないと同時に, これを完璧にマスターすれば超一流のメカニックというぐらい難しくもある。

そこで, まずは工具なのだ。前章でも少し書いたけど, 車載工具はだいたいがヘボ。整備がやりにくいだけではなく, ネジをツブしたりしてバイクを壊してしまう可能性もある。キチンとしたものをそろえたい。

とはいえ, やたら高価な工具を買う必要はない。セ

ット品も, キミには不要な種類とかサイズのものが入ってたりして効率が悪い。お金が一杯あるなら別だけど, まずは本当に必要なものから, 少しずつ買う。

ドライバーは貫通型が使いやすく, ⊕と⊖をできればそれぞれ大/中/小と3種。シッカリしたコンビネーションプライヤー。両ロスパナは, 車載工具を参考にして, 愛車に必要なサイズのもの。基本としては7—8, 10—12, 12—14, 14—17, 17—19(各mm)があれば十分なはずだ。数値にダブリがあるのは, 同サイズのナットを同時にふたつ扱うことがあるから。そして, スパナに準じた種類の, 両ロメガネレンチがほしい。スパナだけでも済みそうに思うかもしれないが, ボルトやナットを痛めずに, 確実に扱うため, メガネが入る限

●ナットのゆるめ方。

ナットをゆるめるのは頭をなめないようにメガネレンチを使うのが基本だ

スパナはメガネレンチが入らない時に使うものだと覚えておこう

テコの原理で中央付近を握ってしめつければネジ切りの予防になる

●しめつけられているナットを90度ぐらいゆるめて、またもとの位置までしめることによって、ネジ切らずに力の入れ具合いを経験できる。

心配な人は練習することですよ

車載工具ってスパナの口が開いてサイズが合わなくなっちゃったりするんですよね

車載工具とは別にドライバー3サイズほどと愛車のボルトのサイズに合ったメガネレンチ数本ぐらいは買いそろえたいネ

りはこれを使うのが原則。わりと高価だから，初めは10—12，14—17の2本とオイル ドレン コック用だけにして，少しずつそろえるといい。余裕ができたら，ボックスレンチを手に入れるとなおよい。

また，整備するときに外したネジ類や部品を入れる皿は，必ず用意しておく。土の上にそれらを転がしてるようでは，ちゃんとした整備はできないゾ。もっとも，これはお金を出して買う必要はなく，空きカンで十分。排油や洗い油を入れておくものも同じだ。工具箱も，その類だっていい。カッコではなく実質だ。

さて，ネジやボルト，ナット類の緩め方と締め方のコツだ。第1には，ピタリとサイズの合った工具を使うこと。そして次の段階としては，その工具をいかに

相手のネジなどにフィットさすかの力の入れ方だ。回す力よりも，そちらに神経を遣う考え方を持たなければならない。ドライバーなら，ネジの頭へ，いかに真っ直ぐに強い力で押し付けるかが大切。メガネやスパナなら，片手で必ずフィット部をホールドしながら，もう一方の手で柄の部分を持って回すのである。

そして，外したネジ類は，ネジ山部分をウエスでふいたり洗い油で洗ったりして，そこにあるゴミなどをきれいに取り去ること。さもないと，ネジ山を崩したり，キチンと締まらずに緩んだり，あるいは次に緩めるときに回らなかったりとなる。

なお，愛車のサービスマニュアルを買っておくと，何かと作業しやすいし勉強にもなるのでいいと思うね。

■操作系のアジャスト

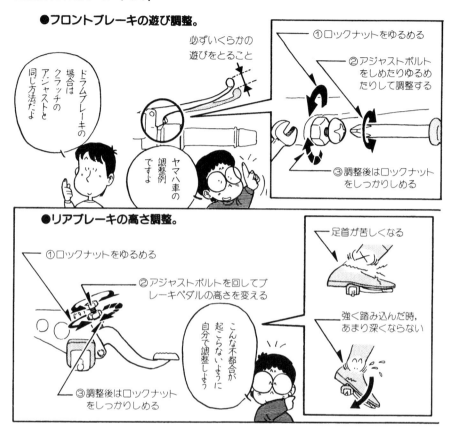

●フロントブレーキの遊び調整。

必ずいくらかの遊びをとること

ドラムブレーキの場合はクラッチのアジャストと同じ方法だよ

ヤマハ車の調整例ですよ

①ロックナットをゆるめる

②アジャストボルトをしめたりゆるめたりして調整する

③調整後はロックナットをしっかりしめる

●リアブレーキの高さ調整。

①ロックナットをゆるめる

②アジャストボルトを回してブレーキペダルの高さを変える

③調整後はロックナットをしっかりしめる

こんな不都合が起こらないように自分で調整しよう

足首が苦しくなる

強く踏み込んだ時，あまり深くならない

ライダーのキミにとって，ごく直接的に走りのフィールを左右し，しかも簡単な作業なのが，操作系のアジャストだ。バイクとキミのインターフェイスなんだからね。こいつをジックリといじってみてくれ。走りがガラリと変わるはずだ。

まずは，ブレーキとクラッチのレバーの取り付け角度の調整。人それぞれ体の構造も好みも違うのだから，これは自分のやりやすいようにセットすればいい。レバーホルダーの，ハンドルバーをくわえているボルトを緩め，レバーの上向き下向きの角度をキミの好みに合わせるのだ。なお，レバーホルダーを締め付けるときには，やや緩めにしておくことを勧める。レバーが何かに当たったり転倒したりのときに，レバーホルダ

ーが回転して，レバー本体が折れるのを防いでくれるからだ。そうすることで，締め付けボルトが走行中に緩んでしまう心配はない。緩すぎはダメだけど。

次にレバーの握り代。クラッチが切れ始める，あるいはブレーキが効き始めるレバーストローク位置をキミの手の大きさや好みに合わせて調整する。ワイヤー作動式ならレバーホルダー部にあるアジャスターだ。クラッチならエンジン側，ブレーキならその本体側の，それぞれ作動アーム部でもやはりできる。なお，ワイヤーが作動アームを直角に引くようにしておかないと，操作が重くなるので注意したい。

切れ始めや効き始めのレバー位置調整とはいっても，それだけを考えてはダメ。クラッチが完全に切れるま

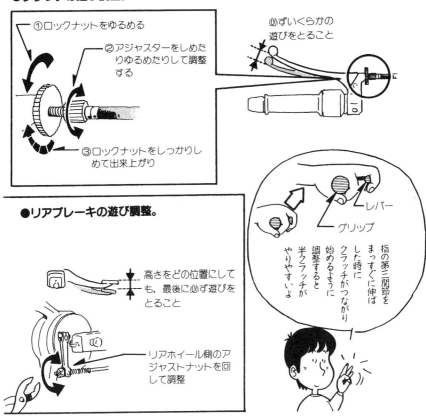

●クラッチの遊び調整。

①ロックナットをゆるめる

②アジャスターをしめたりゆるめたりして調整する

③ロックナットをしっかりしめて出来上がり

必ずいくらかの遊びをとること

●リアブレーキの遊び調整。

高さをどの位置にしても，最後に必ず遊びをとること

リアホイール側のアジャストナットを回して調整

指の第三関節をまっすぐに伸ばした時にクラッチがつながり始めるように調整すると半クラッチがやりやすいよ

レバー

グリップ

で，あるいはフルブレーキまでレバーをストロークさせたときも，グリップとの間に指を挟まないようにアジャストしなければならない。もちろん，その前にレバーがグリップに当たるようでは論外。それに，開放状態でのいくらかのアソビも確保しなければ。そういう全体を考えてアジャストするのだ。

これが，ブレーキにしろクラッチにしろ，油圧作動式のやつとなると，どうもやりにくい。アソビ調整は本来が不要な作動原理にしても，効き始めの位置が，自由に変えられないものが多い。まあ，メーカー側も少しずつ努力はしているようで，ヤマハ車のディスク式ブレーキレバーには，上図のようなアジャスターがある。ホンダ車の一部には，開放時のレバー位置そのものをアジャストできるのもある。方式はどうであれ，可能なタイプでは必ず，こうしたことを行いたい。

ブレーキペダルは，油圧作動式ならマスターシリンダー部のロッド，ワイヤーやロッド作動ではそのアジャスター，それにペダルストッパーで，開放時の位置とアソビを，操作しやすいように調整。ギアのシフトペダルも，リンク式ならアジャスターで，ダイレクト式ならスプラインへの差し込み位置で調整する。また，スロットルワイヤーのアソビも，好みの量にしてみるといい。時々はスロットルグリップを分解清掃し，グリスを塗ると，作動性が向上する。

なお，これら各部のアソビは絶対に必要だけど，必ずしもマニュアルの寸法にこだわらなくていい。

195

■エンジンオイル

2サイクルエンジンのエンジンオイルはガソリンと一緒に燃えてしまうから継ぎ足して切らさないようにしよう

ただしミッションオイルは4サイクルエンジンと同じように定期的な交換が必要ですよ

●オイル量の点検。

レベルゲージでチェックするのと点検窓でチェックするものがあるよ

バイクを直立させ，エンジン停止後5分ぐらい待って，オイルが十分にオイルパンまで落ちてから計ること。

〈レベルゲージ〉

ウエスでオイルをふき取ってから差し込む

ねじこまないんだからネ

レベル内にあるかチェック

〈点検窓〉

目で確認するだけだから簡単だ

2サイクル車では，潤滑オイルは循環使用をしてないんだから，当然どんどん減る。だから，こまめにチェックして，減ったら早めに補充。これを怠るとエンジンを完全にブッ壊して高いものにつく。

4サイクル車では，オイルは循環使用だから，そんなに減らない。けれども，少しずつではあるが，やはり必ず走れば減る。だからこちらも，量はこまめにチェック。また，オイルは少なすぎはもちろんだが，多すぎると吹き出すし馬力も食われるので，補充のときは入れすぎないようにね。

さて，4サイクル車のエンジンオイルは，長く走れば潤滑性能が落ちる。それに，潤滑以外にも，エンジン内各部の汚れを吸収してエンジン本体をきれいに保

つ仕事もしているのだから，汚れもする。各車で指定距離が違うしオイルの質にもよるが，やはり長くても5000km走行に1回は，オイル交換をしたい。距離は走ってなくても，加熱と冷却の繰り返しで劣化するものなので，半年に1回は交換したほうがいい。

交換時は，上の要領でやるわけだが，ドレンボルトの頭をよくツブすヤツがいる。工具の使い方に話が戻ってしまうけど，これはスパナやモンキーレンチでやってはいけない。メガネレンチか，できればボックスレンチを使う。工具を当てがったボルトの頭をしっかりと片手で持ち，もう一方の手で，瞬間的にガッと力をかけて緩めるのがコツ。柄を手でトンッとたたいてもいい。ジワーッと力を入れていくと，緩みにくい

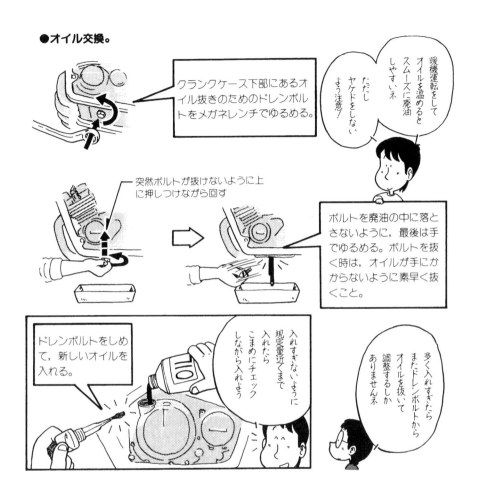

●オイル交換。

クランクケース下部にあるオイル抜きのためのドレンボルトをメガネレンチでゆるめる。

暖機運転をしてオイルを温めるとスムーズに廃油しやすいネ

ただしヤケドをしないよう注意！

突然ボルトが抜けないように上に押しつけながら回す

ボルトを廃油の中に落とさないように，最後は手でゆるめる。ボルトを抜く時は，オイルが手にかからないように素早く抜くこと。

ドレンボルトをしめて，新しいオイルを入れる。

入れすぎないように，規定量近くまで入れたらこまめにチェックしながら入れよう

多く入れすぎたらまたドレンボルトからオイルを抜いて調整するしかありませんネ

し，ボルトをツブしやすい。締めるときは，座金のところまで必ず素手でネジ込まないと，クランクケース側のネジ山をツブして泣くことになる。最後のひと締めにレンチを使うのだが，ここで初心者はたいてい締めすぎる。次のときに緩まないばかりか，ケース側のネジ山を痛めることにもなる。レンチの柄の半分くらいの長さのところを持ち，キュッとやればいい。

2サイクル車のエンジンオイルは使い捨てだから，交換は不要。しかし，ミッションオイルは入りっぱなしなのだ。こちらはそう短期間で交換しなくてもいいが，やはり各車のマニュアルどおりに，長くても1万kmでは交換したい。クラッチの切れ味にも響くことだ。もちろん量も，時々チェックすべきである。

使用するオイルは，必ずしも純正が一番とは限らない。けれども，迷うようなら純正を入れとけば，間違いはない。レーシングオイルは，耐久性などの面から，使わないほうがいいだろう。それから，2サイクル車のミッションに，クルマ用のギアオイルなんか入れないように。クラッチが切れなくなるゾ。純正品か，さもなければ普通の4サイクル用エンジンオイルを使うのだ。

ところで，オイル交換したあとの廃油は，どうするかな？　ドブに捨てたりしたらダメ。土にまくのもダメ。ガソリンスタンドなど，処理施設のあるところに引き取ってもらう。当然のマナーだね。それができないなら，専門店で交換してもらうベシ。

■プラグ/エアクリーナー

エンジンの中で，混合気がどんな具合いに燃えてる かは，誰も直接に見ることはできない。けれども，そ の燃え具合い，つまりはエンジンの調子を，プラグの 様子によってある程度知ることはできる。作業は簡単 だ。あまりしょっちゅうプラグの脱着をやると，シリ ンダーヘッド側のネジ山がツブれる可能性もあるけれ ど，本格的整備に近付く一歩でもあるし，1～2ヶ月に 一度はチェックしたい。プラグの脱着法は，前のペー ジのオイルドレンボルトのときと同じ要領であり，て いねいに扱うことだ。

プラグを外したら，その色を見るのだが，これが非 常に難しい。かなりの経験がいるのだ。よく〝キツネ 色〟に焼けてるのが正常などというが，最近ではガイ シ部分にほとんど何も色が付かないことが正常，とい うほうが多いくらい。また，2サイクル車では，フチ の金具部が少し湿っていて正常だし，使用オイルや機 種によってもガイシ部の色は変わる。だから，普段か らよくチェックして，愛車が正常なときの色を覚えて おくのが一番だろう。

黒くくすぶっている，あるいはガイシや電極に異物 が付着して白く焼けている，といったように普通とは 違う色，異常を発見したならば，なぜそうなったかを 考える。その焼け具合いだけから不調の原因をつきと めるのは超ベテランでなければ無理で，難しいようだ ったらプロの人にまかせればいいのだが，少なくとも それで異常の早期発見はできたわけだ。

エアクリーナーはサイドカバー内やタンク下にあってビス3〜4本をゆるめてケースカバーをはずせば簡単に取りはずせるよ

●エアクリーナーの清掃。

〈乾式の場合〉
軽くたたいてホコリを落とすか，エアで吹き飛ばす。

ろ紙でできてるんだから油や水でぬらしちゃだめですよ

こちらはスポンジでできてるんだよ

指で押すと少しオイルがにじむくらいがいいネ

ジワッ……

〈湿式の場合〉
灯油で良く洗い，乾かした後オイルをつけ，軽くしぼって出来上がり。

灯油

OIL

プラグがくすぶっているのは，原因がわりと単純な場合もあるので，チェックしてみるといい。まずは，エンジンをかけそこなったり，乗り方がヘタクソでかぶらせただけなら，プラグに付いているカーボンを清掃すればいいのだ。堅いワイヤーブラシでやるとガイシに傷が付くので，なるべくならプラグクリーナー（専門店やスタンドにある）を使いたい。

次に，プラグ自体が寿命の場合。ギャップが広がっているのは，側電極側をたたいてツメることもできるけど，その場合にはたいてい中心電極の角が丸まっているもので，そうなると交換すべき。ギャップをツメただけでは，火花は十分に強くならない。プラグは消耗品だということを覚えておこう。

そして，エアクリーナー。こいつが詰まっていると，十分に空気を吸い込めず，濃すぎる混合気となってプラグをかぶらせる。もちろん馬力は大幅に低下するし，燃費も落ちる。パワーがないとか文句をいいながら，ショップでヘンなマフラーを買って付けたりしてるヤツに限って，エアクリーナーが詰まってたりするもんだ。上の絵の要領でチェックしてみてくれ。

以上の整備をしても，すぐにまたプラグが黒くなるときには，プロに相談すること。いわゆるかぶりに限らず，キャブレターやマフラー，エンジン本体，点火まわりの電気系など，すべての不調はプラグの異常となって表われるのだ。それをひとりで解決できなくて当然だが，異常の発見はキミの責任だゾ。

■バッテリー

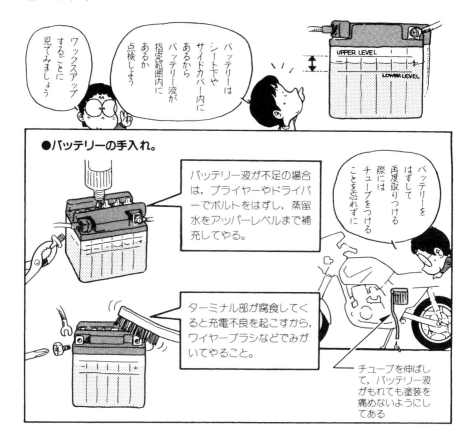

●バッテリーの手入れ。

バッテリーはシート下やサイドカバー内にあるからバッテリー液が指定範囲内にあるか点検しよう

ワックスアップすること。に見てみましょう

バッテリー液が不足の場合は，プライヤーやドライバーでボルトをはずし，蒸留水をアッパーレベルまで補充してやる。

バッテリーをはずして再度取りつける際にはチューブをつけることを忘れずに

ターミナル部が腐食してくると充電不良を起こすから，ワイヤーブラシなどでみがいてやること。

チューブを伸ばして，バッテリー液がもれても塗装を痛めないようにしてある

UPPER LEVEL
LOWER LEVEL

バイクに使われているバッテリーは，まずだいたいが希硫酸の入った湿式のやつ。その中にも，一部にはメンテナンスフリーのものもあるが，普通は液量の点検をしてやる必要がある。液の量があんまり少ないと，もちろんバッテリー上がりにもなるが，それ自体の寿命をグンと短くすることにもなる。

補充液は，もちろん水。硫酸は蒸発しないからね。ただ，水とはいっても，水道とかの水では色々なものが溶け込んでいるからダメ。そんなものを入れると，異物が電極板に付着して，寿命を縮めかねない。市販の補充液か，蒸留水を使う。

なお，バッテリーの取り扱いには十分に気をつけること。補充液はいいとしても，中に入っているのは希硫酸なのだから，愛車の塗装面にこぼしたりすると，ムザンなことになる。服に付けると穴があく。また，上がってしまったときの充電は，急速でやると極端に寿命が縮まるので避けたほうがいい。8時間以上かけるべきだ。そして，バッテリーも消耗品なのだから，何回充電してもすぐに上がるし，バイク側の充電系にも異常がないと判断したら，取り換えるしかない。

バッテリーの電圧が十分にあるのにセルモーターが勢いよく回らないときの原因に，ターミナルの接触不良というのがよくある。ここは大電流が流れるところなのに，よく腐食もするので，普段からターミナルコード端とともによく磨いて，確実に締めつけ，その上からグリスなどを塗っておくといいだろう。

■チェーン

リアサスを沈めても，常に完全には張り切らないように注意。

たわみ量が多いとチェーンがはずれる危険があるし張りすぎはパワーロスや駆動系を痛める心配があるネ

●チェーン調整の仕方。

① 割ピンをぬく。
② アクスルナットをゆるめる。
③ ロックナットをゆるめる。
④ アジャストナットを回してチェーンの張りを調整する。

左右の合わせマークを同じ位置にする。また，ハンドルをまっすぐにして，前後のタイヤが一直線上にあるか目で確認する。

適正な張りになったら，ゆるめた時の逆の順序でボルトをしめて出来上がり。

　走行フィールの重要なカギなのが，ドライブチェーンの張り加減。たるみすぎは，スロットルのオン／オフでのギクシャクが強く出て乗りにくいし，程度がひどければチェーンの切れや外れの可能性もある。そして，もっと悪いのが張りすぎ。リアサスが沈むと一般にチェーンは張りが強くなるものだが，そのための余裕がないと，サスが十分に動けない。これではサス性能もハンドリングもあったものではないのだ。知ってた？　もちろん張りすぎは，エンジンパワーをロスするし，チェーンの寿命も短くする。

　では，どのくらいの張り加減がいいのかだが，マニュアルなどによくある「チェーン中央付近で20～30㎜のたわみ量」というのは信用するな／　シート後部に体重をかけながら（友人に手伝ってもらうといい），リアのスイングアームを水平付近まで沈め，そのバイクにおいて最もチェーンの張りが強くなる位置において，わずかにアソビがある状態。これがベストだ。

　この調整は，車種によって多少の違いはあるものの，リアホイールのアクスルを緩めてやることに変わりはない。そこで重要になるのは，調整後のリアホイールの向き。これが前輪と完全に一直線上になってなければ，ハンドリングが狂う。最低でも，左右にあるスイングアームの目盛りは合わせる。本当はその目盛りはイイカゲンなので，目測でもいいから前輪との整列具合いを見て合わせるべきだ。整列チェックをしながら，チェーンの張りも見直していくことになる。

■タイヤ

へえそうなんですか?

タイヤはパンクしてなくてもタイヤ内の空気って自然に抜けてしまうもんなんだ

愛車の整備をなまけているといつのまにかこうなっているよ

●タイヤの点検。

空気圧は外気温でも変化するものだしまめに点検して指定空気圧に合わせよう

必ず、タイヤが冷えている時に測る。エアゲージは、空気が抜けないようにまっすぐに強く押しつけ、計測後も素早く抜くこと。

指定空気圧が書いてあるステッカー

ここだけミゾが浅くなってるんだ

タイヤのキズや減りをチェック。スリップサインの出たタイヤはすぐに交換。

スリップサインが入っている三角マーク

転ばない限りは、バイクと路面が接している部品はタイヤだけ。加速もコーナリングも制動も、最後はこいつに頼るしかない。命をあずけてる部品といってもいい。その重要性は、キミにも分かるよな。だからといって、すぐにハイグリップタイヤがどうのというのは、ちょっと待った。その前にやることがある。

タイヤの空気圧は、ちゃんとチェックしてるかな? ごく簡単なことなのに、ほとんどの連中はイイカゲンなのだ。これ次第でハンドリングはガラリと変わっちまうというのにね。前にチェックしました、なんていうヤツに聞いてみると、2～3ヶ月も前だったりする。チューブ式にしろチューブレス式にしろ、ゴムというものはわずかに空気を通す。それに空気の入れ口のバ

ルブ、つまりムシは、たとえ一見はもれがないようでも、完全なフタではない。さらに、季節によって気温が変われば、同じ空気量でも圧力は変わる。なるべくまめに、最低でもひと月に1度はチェックすべし。

空気圧を測るゲージは、信用できるものを使う。できれば自分でひとつ持っていたい。エアチェックの後は、バルブにツバをつけるなどして、必ずそのもれの有無を確認する。スペアのムシゴムはいくつか常に持っていたほうがいいだろう。空気圧は、走行してタイヤが温まらないうちに、そのバイクの指定値を基本として合わせる。好みで少し変えてみるのもいいことだが、それは0.1～0.2kg/cm²程度ずつの、ごく小単位でやるべきことだ。

202

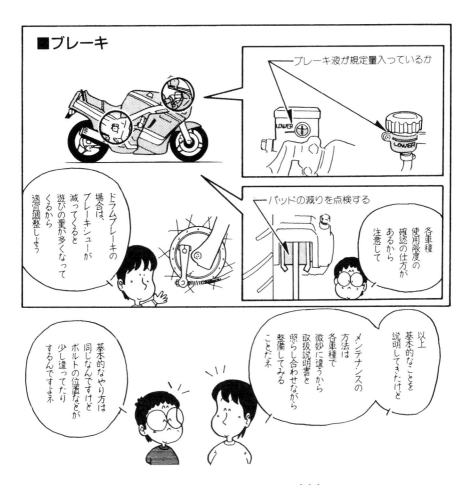

■ブレーキ

ブレーキ液が規定量入っているか

パッドの減りを点検する

ドラムブレーキの場合は、ブレーキ・シューが減ってくると遊びの量が多くなってくるから適宜調整しよう

各車種使用限度の確認の仕方があるから注意して

基本的なやり方は同じなんですけどボルトの位置などが少し違ってたりするんですよね

メンテナンスの方法は各車種で微妙に違うから取扱説明書と照らし合わせながら整備してみることだね

以上基本的なことを説明してきたけど

　ブレーキがトラブッたらヤバいのは、当然だな。ブレーキのパッドやシューの減りは常によくチェックしておいて、残量が少なくなったら早めに交換したい。わりと高価な部品だからといってケチッていると、ディスク式の場合などプレートに傷をつけてよけいに高価なものになる。それに、ドラム式にしろディスク式にしろ、ある程度以上に減ると、ブレーキをかけたときのタッチがグニャッとしてきて、うまいテクが身に付かなくなるゾ。もちろん危険でもある。エンジンオイルの出費はケチッてでも、ブレーキにかけるお金は絶対に惜しむな！

　また、ブレーキの作動系にも気を配りたい。ロッド式ではリンク部の動きやガタだ。ワイヤー式では、ワイヤー両端部のほつれをチェックし、タイコ部分にはオイルやグリスを塗る。ワイヤーの取りまわしも、急な曲がりがないように。こうした気配りをしないと、ビシッとしたブレーキのタッチは生まれない。レバーやペダルのリンク部への給油も忘れずに行う。

　油圧式では、液量はもちろんのこと、汚れ具合もチェックし、ひどいときは交換する。汚れてなくても、ブレーキ液は吸湿性があるので、定期的に交換することに法律で決まってるくらいのものだ。

　ブレーキ液にエアが混入したときとか、このあたりは専門店行きになるかも。でも、それでいい。自信のない整備はやらないほうがいい。チェックして、不具合いを早期発見するのが、キミの役目なのだから。

203

■後輩くん, いつのまにやら一人前のライダーに…?

〈著者紹介〉

つじ・つかさ(辻 司)

1952年、東京生まれ。20歳代を中心に10年間ほどロードレースに没頭した経験を持つが、出発点も現在も根はツーリングライダーだと自覚、自負している。1978年からフリーのバイクジャーナリスト活動を開始。バイクの性能にとどまらず、乗り味の評価など多角的視点からの臨場感溢れる解説に定評がある。またライディングテクニックに限らず、メカニズム解説や人物インタビューも得意とする。専門誌や一般誌など各メディアにおける執筆のほか、『ベストライディングの探求』と『ライディング事始め』(ともにグランプリ出版)の両ベストセラーを筆頭に著書も多数ある。無数のバイクや走りの世界、様々な"バイク人間"に触れながら活動を続けている。

執筆活動と並行し、1984年からはインストラクション活動にも力を注いでいる。バイクの操り方に限らずバイクライフ全般を、一般ライダーに伝える独自のスタイルを開拓しつつ現在進行中。

村井 真(むらい・まこと)

1957年生まれ。16歳からバイクに乗り、ツーリングを趣味として楽しんでいたが、もうひとつの趣味イラスト画のほうの才能が認められ、モータースポーツ関係のイラストレーターとして活躍。

ライディング事始め

著　者	村井　真＋つじ・つかさ
発行者	山田国光
発行所	**株式会社グランプリ出版** 〒101-0051　東京都千代田区神田神保町1-32 電話 03-3295-0005㈹　FAX 03-3291-4418 振替 00160-2-14691
印刷・製本	モリモト印刷株式会社